天下文化
BELIEVE IN READING

Unreasonable Hospitality

超乎常理的款待

The Remarkable Power of Giving People More Than They Expect

世界第一名餐廳的服務精神

麥迪遜公園 11 號前總經理暨業主
威爾・吉達拉——著　廖月娟——譯
Will Guidara

獻給法蘭克・吉達拉——
我的父親、我的導師，也是我最好的朋友，
因為他，我才能洞悉什麼是「對的事」，
他讓我看到，鑽研款待之道的人生
能夠獲得難以置信的滿足。

本書也獻給我在麥迪遜公園11號、NoMad與
美好餐飲集團（Make It Nice）的工作夥伴，
他們每一個人都為了別人著想，付出百分之百的努力。
這本書就是見證。

各界推薦

閱讀本書時幾乎無法放下。作者經營理念完全打動我，也是進入服務業之後希望推動的理想，成為顧客的織夢者，並以每一天的努力創造顧客一輩子的回憶。作者在多處誠實面對自己的錯誤，這正是未來可以不斷進步的動力。

這不只是一本服務業者該讀的書，而是一本關於賦能授權，發揮員工熱情和潛力的跨領域領導力書籍。不管在設立清楚目標、作有效溝通、建立團隊共識並發揮創意且落實執行，每一步驟都有精彩案例分享，是極力推薦的好書。

——**盛治仁，雲品國際董事長**

吉達拉（本書作者）秉持的款待精神與晶華不謀而合：三十年來將心比心為員工、顧客著想，提供超乎期待的款待，致力打造一個更美好的世界。每個人都可以從書中學習，在職場與人生中昇華、蛻變。

——潘思亮，晶華國際酒店集團董事長

威爾・吉達拉是餐飲業中的佼佼者，而這本書是為每一個人而寫。他的見解能穿透所有雜訊，讓人獲得啟迪，知道如何成為了不起的創業者。

——張錫鎬（David Chang），桃福餐廳創辦人、《美食不美》節目主持人

和威爾・吉達拉一起工作就像上一門終極大師課：可以學到如何周到、體貼的讓你周遭的人過得更好。現在，透過這本敏銳洞察、誠摯用心的作品，他與全世界分享自己真正非凡的天賦。這是任何想要脫穎而出的人必讀之書。

——丹・李維（Dan Levy），艾美獎最佳影集《富家窮路》編劇、演員、導演與製作人

這是我讀過最好的五本管理書籍之一。但是，這本書比其他四本都引人入勝、精彩有趣太多了。直白的說，這是一本不可錯過的奇書！

——羅傑・馬丁（Roger Martin），作家、策略大師、管理學思想巨擘

威爾・吉達拉用令人感動的故事與敏銳的觀察力來闡述，懷抱使命、完全不設限的款待，如何滿足我們對歸屬感的基本需求。如果任何人或組織想要在人際連結方面有出色表現，這本罕見的好書是必讀之作。

——丹尼・梅爾（Danny Meyer），聯合廣場餐飲集團創辦人、《全心待客》作者

威爾・吉達拉讓我們看到，如何以款待為基礎，創造以人為本的合作文化，使領導與服務提升到更高的層次。這是一本對各行各業都很有啟發的書。

——艾倫・穆拉利（Alan Mulally），波音公司與福特公司前執行長

不管在餐廳、會議室，或是任何需要款待精神的地方，威爾・吉達拉以超越自我為職志，給人他們想要的東西，即使他們不知道自己想要什麼。本書不只可以看到他的故事，也能窺得一些商業機密，你會需要這本書的。

——奎斯特洛夫（Questlove），美國當代音樂家、葛萊美獎得主

威爾提出最好的理由，說明為什麼服務應該超乎常理。他的款待之道新穎、高尚，也不只適用於餐飲業。如果你想徹底改變做生意的方式，就需要這本書！

——戴夫・拉姆齊（Dave Ramsey），暢銷作家、電台節目主持人

讓人覺得自己受到歡迎、包容、讚賞、關注、了解……還有什麼比這更酷？這正是威爾在本書中施展的魔法：說明款待令人興奮、能鼓舞人心，不管是給予或接受款待的人，無論在工作或在人生，都能受到感染。

——克莉絲蒂娜・托西（Christina Tosi），牛奶吧（Milk Bar）創辦人暨執行長

目錄

賽門・西奈克給讀者的一封信

賽門・西奈克（Simon Simek）
管理思想家、新生代領導激勵大師、《先問，為什麼》、《無限賽局》作者

在樂觀出版社（Optimism Press），我們想像有這麼一個世界：大多數的人每天早上起來都充滿動力，無論身在何處都覺得很安全，在一天結束時，因為自己做的工作而很有成就感。事實上，如果我們共同努力，團結起來打拚，就更有可能打造出這樣的世界。

只是有一個問題……。

在過去的幾十年裡，人與人已經漸漸疏遠。我們曾經一起做很多事情，像是上教會、去寺廟等。我們和朋友與鄰居見面，在保齡球館與地方育樂中心結識新朋友。然而，現在上教會的人大幅減少，保齡球館與育樂中心幾乎都消失了。由於數位通訊的興起、遠距工作需求的增加，在近代，我們未曾像今天這樣孤獨、疏遠。但是，我們仍然

強烈的渴望歸屬感，這是人類與生俱來的需求。因此，我們才需要《超乎常理的款待》這本書。

從表面上來看，這本書是關於一位有才幹的企業家，以及他如何幫助紐約一間中等規模的餐館名列世界最佳餐廳。然而，這本書要闡述的理念更宏大、更重要。這是一本關於如何對待別人的書，闡述如何傾聽、如何保持好奇心，以及學習如何讓人感到受歡迎，並且愛上這種感覺。這是一本探討如何讓人感受到歸屬感的書。

世界上最棒的餐廳是藉由挑戰我們對食物的思維而變得優秀，在食材來源、製作過程、擺盤，當然還有味道上精益求精。但是，威爾・吉達拉在著手讓麥迪遜公園11號（Eleven Madison Park）成為世界頂級餐廳時，他有一個瘋狂的想法：「如果我們把熱情、對細節的注重以及對食物的嚴格要求，同樣投注在款待上，會有什麼樣的結果？」

大多數的人認為款待是一項工作，但威爾是從服務的行為來思考服務，考量自己的行動會帶給別人什麼感受。他發現，如果他希望第一線的服務團隊能夠在意他們帶給顧客的感受，他也得關心員工的感受。這兩者不可分割：沒有好的領導能力，就沒有好的服務精神。

威爾不只是讓一間餐廳脫胎換骨，他甚至完全顛覆我們對服務的想法。不只是在餐廳與飯店工作的人，就連房地產業務、保險業務，甚至政府機構的員工，都會發覺本書闡述的道理非常受用。他對領導力的想法也適用於企業對消費者的公司（B2C）或是企業對企業的公司（B2B）。其實，任何組織都可以從本書獲益。

在這本書中，威爾讓我們看到，當我們為別人帶來歸屬感時，會對他們的人生產生驚人的影響力……而且，同樣重要的是，能夠一起合作，帶給別人這種感覺有多麼振奮人心。

請繼續超乎常理、激勵人心吧！

賽門・西奈克

第一章

歡迎來到
款待經濟的世界

在美國國內，我們被捧上天了。我們的餐廳「麥迪遜公園11號」（Eleven Madison Park）最近獲得《紐約時報》（*The New York Times*）餐廳評鑑四星最高評價，*先前也拿下被譽為烹飪界奧斯卡獎的詹姆斯・比爾德獎（James Beard Award）。但是，在二〇一〇年「世界五十大最佳餐廳」（World's 50 Best Restaurants）頒獎典禮前夕，我和主廚夥伴丹尼爾・胡穆（Daniel Humm）來到主辦單位舉辦的雞尾酒會時，我們意會到這是一場完全不同的比賽。

請想像一下這樣的情景：你聽過的每一位名廚與知名餐廳的老闆都在眼前轉來轉去，啜飲香檳，和朋友敘舊——但是沒有一個人找我們說話。我覺得自己像極了第一次踏進學生餐廳的高一新生，不知道應該坐在哪裡才好；而即使我當年仍是高一新生的時候，也不曾如此窘態畢露。

能夠受邀是莫大的殊榮。「世界五十大最佳餐廳」這個獎項在二〇〇二年開辦，立刻在餐飲業界產生影響力。首先，獎項得主是由全球各地一千位聲名卓著的專家人士組成評審團所票選出來。在此之前，沒有人想過全世界最優秀的餐廳之間要如何排名。獎項開辦後，早已名滿天下的餐廳不再滿足於摘下的星星，更有精益求精的動力。

頒獎典禮是在倫敦市政廳舉行，那裡就像宮殿一樣富麗堂皇、宏偉壯觀。我和丹尼爾入座時，不只是有點膽顫心驚。我們看到英國廚神肥鴨餐廳（Fat Duck）的創辦人赫斯頓・布魯門索（Heston Blumenthal），還有本質餐廳（Per Se）的湯瑪斯・凱勒（Thomas Keller），這兩間餐廳都是去年的前十名，此外我們也瞧見其他名廚。於是，我和丹尼爾就像兩個呆瓜，傻傻的從我們的座位和這些美食界巨頭的距離，來推測我們在今年榜單上的名次。

我猜是第四十名。一向樂觀的丹尼爾猜第三十五名。

燈光暗了下來，音樂響起。那晚的司儀是個英俊瀟灑、溫文儒雅的英國人。我很確定典禮正式莊重，司儀和大家打招呼說「謝謝各位參與盛會」，但幾乎不記得開場白還說了什麼，只記得他隨即丟下震撼彈：「我們就拉開序幕，先揭曉第五十名，來自紐約的一間新進榜餐廳：麥迪遜公園11號！」

我與丹尼爾宛如遭到五雷轟頂。我們像洩氣的皮球，全身癱軟，盯著自己的腳。這是我們第一年參加典禮，也是第一個被叫到的餐廳，因此很不幸的，我們渾然不

＊譯注：麥迪遜公園11號位在紐約市中心，麥迪遜廣場公園（Madison Square Park）旁，東二十四街與麥迪遜大道交會口，地址為麥迪遜大道十一號。《紐約時報》餐廳評鑑版每週都會評論一間餐廳，並給予星級評價，最高是四星的榮譽，評鑑標準相當嚴格，不下米其林指南。

知道司儀叫到名字的時候，鏡頭正對著我們，把我們此刻的表情投射在禮堂前方的巨大螢幕上，好讓每一個人看到得獎者雀躍的慶祝。

然而，我們只是強顏歡笑，畢竟我們是最後一名！我驚懼的看到我們的臉出現在高達九公尺的螢幕上。我用手肘輕推丹尼爾，兩人努力擠出一絲微笑，揮揮手，不過動作已經慢了半拍，沒有轉圜的餘地：全世界最知名的主廚與餐廳老闆——我們景仰的英雄人物——都在此見證我們的毀滅。對我們來說，這一夜還沒開始就已經結束。

在典禮之後的酒會上，我們碰到主廚馬西莫・博圖拉（Massimo Bottura）。他在義大利摩德納（Modena）開的米其林三星餐廳方濟會小館（Osteria Francescana）是第六名（我們可沒有特別去數名次）。他看到我們就開始大笑，還笑個不停：「你們在螢幕上看起來很開心！」

我不反駁他說的，不過我和丹尼爾沒有笑。我們知道，能躋身世界五十大最佳餐廳是一種榮耀——但是那天，在倫敦市政廳，我們是最後一名。

我們提前離開，回到下榻的飯店，去酒吧拿了一瓶波本威士忌，坐在外面的台階上，借酒澆愁。

在接下來的幾個小時，我們歷經悲傷五階段：我們踉蹌的走出市政廳時處於否認階段——我們真的是最後一名嗎？接著，我們怒火中燒——他們以為自己是誰啊？我們很快就經過討價還價的階段，在鬱悶中喝掉這瓶酒比較好喝的部分，最後才接受事實。

從某個層面來看，稱任何一間餐廳是「世界上最好的餐廳」絕對是荒謬的說法。但是「世界五十大最佳餐廳」這份榜單的重要性在於，指出在某一時刻對飲食相關產業影響最大的餐廳。

西班牙名廚費蘭・阿德里亞（Ferran Adrià）在鬥牛犬餐廳（El Bulli）開創分子料理，風行全球。雷奈・瑞澤彼（René Redzepi）在他的哥本哈根餐廳諾瑪（Noma）周圍的田野、河流尋覓野生食材，掀起在地美食革命風潮。在過去十年，如果你曾經外食或是逛過住家附近的超市，必然能夠感受到這些創新對餐飲業和其他行業產生的影響。

這些廚師有勇氣做出沒有人做過的事，並且引進新元素，改變了遊戲規則。

當時，我們還沒能做到這一點。我們拚死拚活，才贏得上榜的機會，然而，老實說，我們到底有什麼突破？我們談得愈多，就愈清楚：我們什麼突破都沒有達成。

我們具備所有需要的條件：職業道德、經驗、人才、團隊。但我們就像不可一世的策畫者，審視排名在我們之前所有的偉大餐廳，從中挑出最好的特點，匯集到自己身上。

我們的餐廳很棒，讓許多顧客都滿意，但我們還沒能改變什麼。

小時候，父親給我一個紙鎮，上面刻著：「如果你知道自己不會失敗，你會嘗試去做什麼事？」我心裡想著這句話，和丹尼爾在餐巾紙寫下：「我們終會成為世界第一。」

夜已深，酒瓶也快空了，我們搖搖晃晃的回到各自的房間。我精疲力竭，但餐巾紙上的誓言一直在腦子裡打轉。

全球五十大最佳餐廳當中，大多數的主廚都專注於創新，著眼於需要改變的地方，以此發揮影響力。但是，我思考自己想帶來的影響時，目標放在恆久不變的一點：潮流會褪去、循環，而**人們想要獲得照顧的願望從未消失**。

丹尼爾的廚藝非常了得，無庸置疑，他是世界上最優秀的廚師之一。因此，如果我們能夠成為一間全心全意、熱情專注於與人的連結，並殷勤親切待人的餐廳——讓工作團隊以及我們服務的顧客有歸屬感——那我們就真的有機會成為一間偉大的餐廳。

我想成為世界第一，但不只是想贏得獎項殊榮；我希望當我們成為有這種影響力的餐廳時，我會是團隊的其中一員。

就在我沉沉睡去之前，我撫平餐巾紙，又加上幾個字：

「超乎常理的款待。」

服務是黑白的，款待是彩色的

年輕時，我自認為是厲害的面試官，很會提問。

現在，我相信，最好的面試技巧其實是沒有技巧：只要多談談，你就能更了解一個人。應徵者是否對我們想要建立的東西充滿好奇與熱情？對方是否誠信？是我可以尊敬的人嗎？我能不能想像到，我與團隊和這個人相處愉快的樣子？

在我有經驗讓人打開話匣子前，我最喜歡問的問題是：「服務和款待有什麼區別？」最好的答案來自一位女性應徵者，但我最後還是沒有雇用她。她說：「服務是黑白的，款待是彩色的。」

「黑白」意味你以能力與效率完成工作；「彩色」則是指你做的事讓人感到喜悅。顧客點餐後，你把正確的餐點送到正確的桌號給點餐的人，這叫作服務。但是，和你服務的人真心互動，與人建立真誠的連結——這就是款待。

我與丹尼爾・胡穆花了十一年，讓麥迪遜花園11號從一間提供海鮮塔與舒芙蕾的二星中等餐館變成世界第一的餐廳。我們在「黑白」的部分追求卓越，注重每一個細節、盡可能臻至完美，因此才擠進五十大最佳餐廳。然而，我們能成為世界第一是因為做到

「七彩」的部分──也就是提供精心安排過頭的款待，這只能用超乎常理來形容。

我們對顧客體驗抱持激進的想法，我們的願景和其他餐廳截然不同。「這樣做根本不實際」，每次我們創造一個新構想，總有人這樣對我們說。也有人說：「這樣根本超乎常理！」

人們會說「超乎常理」是為了讓我們閉嘴、結束話題，而且這的確會讓人喪失意志。然而，說我們「超乎常理」反而讓我們更要這樣做，激發我們的鬥志。從來沒有一個人能夠用合乎常理的方法改變遊戲規則。看看小威廉絲（Serena Williams）、華特・迪士尼（Walt Disney）、史帝夫・賈伯斯（Steve Jobs）、馬丁・史柯西斯（Martin Scorsese）、王子（Prince），再看看每一個領域，從運動、娛樂、設計、科技到金融業，你得超乎常理，才能看到一個尚未成形的世界。

長久以來，全世界最佳餐廳的主廚因為提供超乎常理的料理而受到讚揚。在麥迪遜公園11號，我們漸漸了解到，提供人們超乎常理的感受，會形成一股非凡的力量。我寫這本書是因為，我相信現在是每一個人運用超乎常理的方式來提供款待的時候了。

當然，我希望餐飲業的每一個人都能閱讀這本書，並且下定決心提供超乎常理的款待。但是，我相信如果這個想法能擴展到餐廳以外的地方，就能產生撼動世界的轉變。

翻開美國歷史來看，過去這個國家的經濟重心都放在製造業，現在我們已經轉向服務業經濟，而且是大幅、驚人的轉變，國民生產毛額（GDP）有四分之三以上都來自服務業。因此，不管身處哪一個行業，像是零售、金融、房地產、教育、醫療保健、電腦服務、交通運輸或通訊產業，你都握有絕佳的機會，可以在企業的各個層面裡，提供有企圖心、有創意並且超乎常理的款待。因為一間公司是否下定決心把團隊與顧客放在決策的中心，將是他們能不能脫穎而出、成為偉大公司的關鍵。

遺憾的是，在目前極度注重超級理性、超有效率的工作文化當中，這些技能一直不受重視。我們正處於數位轉型的過程中，這種轉型對我們生活中的眾多層面大有幫助，但是有太多公司把「人」拋在腦後。他們太專注於產品，忘了人才是主體。雖然讓人開心的影響力無法用財務標準量化，但是請別認為這不重要。其實，這一點反而更重要。

答案很簡單：創造款待的文化。這和我在職涯中一直在思考的問題有關：你如何讓為你工作的人以及你服務的人覺得自己被看到、被重視？你如何讓他們有歸屬感？你如何讓他們在自我之上，覺得自己屬於一個更大的群體？你如何讓他們覺得受到歡迎？

在我的專業領域，有一個爭論已久的問題是：款待之道是可以傳授的嗎？我尊敬的許多領導者都認為這是無法傳授的能力。但我完全不同意。其實，在二〇一四年，我與朋友安東尼・魯道夫（Anthony Rudolf）為餐廳的專業服務人員舉辦研討會。當時，安東尼是本質餐廳的總經理，和我有志一同，都想要傳授款待之道。

餐廳主廚會在世界各地舉辦的會議上聚會，但是沒有任何一場集會是為了餐廳服務人員而舉辦。因此，我們著手創立一個空間，讓志同道合、充滿熱情的人能夠組成社群、交換意見、互相啟發，並且進而增進自己的技藝。

我們把它稱為「歡迎研討會」（Welcome Conference），而這些聚會立即在餐飲界造成轟動。來自全國的餐廳專業服務人員參加講座，在杯觥交錯之間建立友誼，像充飽電一樣精神奕奕的回到工作崗位。

不過，第三年舉辦研討會時，我們望向觀眾席，發現有些坐在侍酒師與服務生旁邊的人根本不在餐廳裡工作，而是科技巨頭、小型企業主，還有大型房地產公司執行長。這些人和我一樣，都相信**服務客戶的方式**和**提供的服務**一樣有價值。他們都知道，從餐飲業領導者身上學到的東西會帶來超強的動力，推升自己的經營技巧。

如果你創造出一種款待至上的文化，企業的各個層面都能獲得改善，像是找到一流人才並留住他們、讓客戶對自己死忠，或是提高獲利能力。我希望這本書能成為這場運動的一部分，引領大家進入新時代。但我的動機不是要幫你美化財務報表——無論如何，這不是我唯一的動機。因為我真正想做的是讓你知道一個小祕密，而且在我這一行，只有真正了不起的專業人士才知曉：**款待的樂趣只有自己才能體會**。讓別人開心，自己也會樂不可言。

我將在這本書中分享二十五年來在餐廳中各個職務工作的故事。從洗碗工到老闆，介於這中間的所有工作我都做過。我會從款待的角度，來分享自己學到的種種服務與領導心得——包括小小的教訓、大大的收穫，以及小教訓帶來的大收穫。換句話說，你要做的事只有一件，就是把這個世界從黑白變成彩色——這是為了自己、和你一起工作的人，以及你要服務的人。

歡迎來到款待經濟的世界。

第二章

這個世界需要多一點魔法

十二歲生日那一天，父親帶我去四季酒店（Four Seasons）吃飯。

當時，我不知道四季酒店是美國第一間精緻餐飲（fine dining）高檔餐廳，也不知道那優雅、十九世紀現代主義的裝潢風格如此具有代表性，最終成為紐約市指定的地標建築。

我不知道他們諮詢過詹姆斯・比爾德與茱莉亞・柴爾德的意見才決定菜單；*也不知道約翰・甘迺迪總統（John F. Kennedy）聽瑪麗蓮・夢露（Marilyn Monroe）用魅惑的嗓音為他獻唱〈生日快樂，總統先生〉（Happy Birthday, Mr. President）的前一個小時，總統就在這裡慶生用餐；更不曉得名人、產業大亨、國家元首會衡量自己的桌子和餐廳正中央卡拉拉大理石水池的距離，來判斷自己在這個城市的影響力排行是否下滑。

我只知道，四季酒店是我去過最奢華、最漂亮的地方。

我很慶幸堅持要父親買給我一件經典的布魯克斯兄弟（Brooks Brothers）深藍色銅釦西裝外套，以備不時之需。來這種地方吃飯，得要穿著體面。我還記得，一位身穿制服的服務生把閃閃發光的推車推到我們的桌子旁邊，我目瞪口呆看他用熟練的刀法切割鴨肉。當我把餐巾掉到地上時，他換了一條新的給我，還稱呼我「先生」。

「人們會忘記你做了什麼，也會忘記你說了什麼，但永遠忘不了你帶給他們的感受。」

據說這句名言出自偉大的美國作家瑪雅・安傑洛（Maya Angelou），但也很有可能不是她說的，不過這或許是有關款待之道最高明的說法。因為三十年後，我依然記得當年四季酒店帶給我的感受。

那間餐廳對我施了魔法，我很開心可以被擄獲心神。世界暫停，其他事物都消失了。對我而言，在那兩個半小時裡，除了餐廳裡的一切，其他盡是虛空。

那晚，我了解一間餐廳可以創造魔法，而我完全著迷其中。離開餐廳時，我已經很清楚這一生想要做什麼。

別人永遠忘不了你帶給他們的感受

我的父母都在餐旅業工作。

＊譯注：詹姆斯・比爾德（James Beard）有美國烹飪之父美稱，長期致力於推廣飲食文化，堪稱美國餐飲史上的傳奇。茱莉亞・柴爾德（Julia Child）是美國家喻戶曉的家庭烹飪偶像，出版並主持過大量食譜書和電視美食節目。

他們在一九六八年相識。那時，父親在鳳凰城（Phoenix）的美國航空外燴公司空廚團隊（Sky Chefs）工作。在那個年代，人們坐飛機會盛裝打扮，而飛機餐莫不教人食指大動。

在亞利桑納州，父親的波士頓口音特別引人注意。有一天，同事跟他說：「嘿，法蘭克，飛機上有個女人和你說話的方式一樣。」那個人說的是我母親，她的波士頓口音也很濃重。她是空中小姐，在以前思想封閉的年代，人們都是這樣稱呼空服員，而且她們每週都要量體重，一旦結婚就得辭職。

這兩個波士頓人就這麼搭上線。我父親一眼就認出我母親，原來他們就讀同一間小學，他四年級時暗戀她，但她對他毫無印象。上中學後，她就不見了。由於她的母親過世，她只得搬到紐約市北方的威徹斯特郡（Westchester）和親戚住。

沒想到，她突然出現在眼前。

兩人就此墜入情網，終於在一九七三年結為連理。（這段情緣的過程有點複雜，我父親得去越南戰場服役三年，而且他們在相逢時各自都已經有婚約了。）

父親離開美國航空之後，在餐飲業打滾好幾年，最後在一間老派連鎖休閒餐廳格郎得朗德（Ground Round）擔任副總裁。*這間餐廳會供應免費花生，顧客可以隨時把花生殼丟在地上。於是，他們搬到睡谷（Sleepy Hollow）。母親繼續當空服員，周遊列國（這時，時代改變，美國已經撤銷已婚空服員不能任職的規定）。我出生後，表姊麗茲（Liz）搬來我家，在我父母外出工作時照顧我。

我的父母過著幸福的生活。他們在家裡很快樂，但也都是工作狂，以自己的事業為傲。我媽後來去讀夜校取得大學文憑，甚至考到飛行員執照。不過我對她開車的技術不敢恭維，因此心底一直很疑惑，既然她開車不行，要怎麼開飛機？

有一天，她在頭等艙服務時，把手中的咖啡杯弄掉到地上了。

話說我在餐廳工作時，也曾經弄掉很多東西。但是，我母親向來秉持卓越的服務品質，這件事看來很奇怪——甚至在幾週後，她又摔了一個杯子。

這次，我爸帶著我媽去看了醫生。

接下來的幾個月，我媽看了上百次門診、做過許許多多檢驗，最後診斷結果出爐：腦癌。由於癌細胞已經擴散，無法將腫瘤切除乾淨，只能透過放射線殺死殘餘的部分。

＊譯注：格郎得朗德餐廳成立於一九六九年，在最受歡迎的時期全美國的連鎖店有超過兩百間。順帶一提，Ground Round的原意是牛後腿絞肉。

她第一次手術是在我四歲的時候。術後她恢復得不錯，只是左臉下垂，左手與左腳不聽使喚（對了，她的駕駛技術還是一樣糟）。由於當時的放射線治療技術不夠精準，輻射副作用出現時，她就病懨懨的。

儘管身體愈來愈差，她一直努力做個好媽媽。只要狀況允許，她都會開車接送我去練網球，而我每週總得練個兩、三回。要是從駕駛座爬進、爬出太困難，她就會載我過去，自己留在車裡耐心等待。紐約的寒冬包圍著她；一個半小時後，我練完球，她再載我回家。

我媽就像這樣，她就是這麼愛我。

一天晚上，她從樓梯上摔下來。當時我爸和往常一樣在餐廳工作，十一點左右回到家，發現我跟媽媽躺在樓梯最後一階的地板上睡著了。當年我還只是個小不點，無法把她扶起來，不過還能拿枕頭與毯子過來做個舒服的小窩。

最後，我媽完全癱瘓。接著，她失去溝通能力。但她沒有放棄，依然**努力活下去**。

既然遭遇這種情況，我爸希望我能夠盡可能獨立自主，因此他賣掉房子，我們搬到離學校只有三個街口的地方。如此一來，我就不必依靠別人開車接送，自然而然我的朋友都會聚在我們家。上中學後，我開始打鼓。我跟朋友組成龐克樂團、斯卡樂團和放克樂團——就在我的房間裡排練，而我的房間正下方是廚房，也就是我媽白天活動的地方。聽一群小屁孩結結巴巴彈奏涅槃樂團的〈就像你平常一樣〉（Come as You Are）開頭那段經典和弦一千遍下來，大多數的人恐怕都覺得生不如死，我媽卻聽到入迷。

最後，我們請居家看護來幫忙照顧她。每一天，我媽都會請值班的看護把坐著輪椅的她推到外頭，在我回家路上的盡頭等我。當時，她已經不能說話，也無法站起來擁抱我，但她總是在那裡，以最燦爛的笑容迎接放學回家的我。我需要的只是這樣的笑容。她的笑容教我非常寶貴的一課——真正受到歡迎是怎麼樣的感覺。

誠摯歡迎的力量

我大四時，爸媽住在波士頓。我媽依賴一套複雜的醫療照護儀器維生，要出門的話，就需要有專門的設備與醫療車。當時，我組了一個名叫比爾吉達拉四重奏的十六人放克樂團。由於我媽已經多年沒聽到我的演奏，我爸就提議帶她來伊薩卡市（Ithaca）看我表演。這趟旅程也是一場測試，如果順利，我媽就能來參加我的畢業典禮了。

當時酒吧還沒有禁菸，而我媽必須使用醫療儀器。因此，我和主辦單位商量，讓我們在康乃爾大學（Cornell University）學生會活動中心的威拉德史崔特廳（Willard Straight Hall）演出。我們通常不會這樣表演，但這次的演出經驗非比尋常：我媽坐著輪椅在人群中聽我演出史提夫・汪達（Stevie Wonder）的〈迷信〉（Superstition）。在那黑暗的演奏廳裡，她的笑容就是光。

下一個學期，也是我在康乃爾的最後一個學期，我選了一門叫作「客座大師」（Guest Chefs）的課。這是朱瑟佩・培佐提教授（Giuseppe Pezzotti）在春季學期開的課，培佐提教授可是康乃爾的傳奇人物。最後，這變成我最喜歡的一門課。

隨著康乃爾大學不斷進化，課程不再只是介紹餐廳與飯店的餐飲，反而更著重在房地產與管理顧問上。然而，仍然有一小撮人感興趣的不是試算表，而是古典、老派的餐廳經理，而朱瑟佩・培佐提就是我們的國王。（讓我告訴各位一件事，我就是在他的課堂上學會如何用刀叉剝掉葡萄皮。）

在我看來，「客座大師」是康乃爾最酷的一門課，因為我們可以獲得真正經營餐廳的實際經驗。每個學期我們會邀請一位名廚來做晚餐，所有的工作人員都是由學生擔任。有一組學生是管理團隊，另一組是內場，第三組則負責外場。

我有幸成為名廚丹尼爾・布魯德（Daniel Boulud）管理團隊的一員。在餐飲業，「丹尼爾」這三個字無人不知、無人不曉。這位名廚在紐約知名的法國餐廳馬戲團餐廳（Le Cirque）擔任多年主廚後，一九九三年自立門戶在紐約開了一間以自己的名字為名的米其林星級餐廳。自此之後，他的餐飲帝國擴展到全世界，包括倫敦、美國棕櫚灘縣（Palm Beach）、杜拜，以及新加坡。

他無疑是世界上最有名的廚師之一——卻願意來到紐約上州，在大學課堂上烹飪。後來，我才知道他正是這樣的人，很多人都知道丹尼爾向來不遺餘力提攜後進。

我被指派為晚宴的行銷總監。由於丹尼爾名震天下，我根本用不著宣傳；只要聽說他會來，餐券就會馬上銷售一空。但是，我還是想做點特別的事。我知道賓客會想看他做菜，因此我在廚房擺了一張主廚的工作桌；自從開設「客座大師」課程以來，我是第一個這麼做的人。在醜陋、工業風的授課用廚房擺上這麼一張大桌子似乎很奇怪，於是我用紅天鵝絨繩把桌子圍起來，如此一來就變得有看頭了。

我們把主廚的工作桌拍賣，為慈善組織慈善美食（Taste of the Nation）募集到數千美元。幾週後，我很高興能參加這個組織主辦的年度晚宴，代表康乃爾大學把一張巨大的硬紙板道具支票交給他們。不過，我更興奮的是能夠為丹尼爾與他的團隊作東。儘管我沒有什麼資源，但無論如何要讓他們覺得不虛此行。

丹尼爾的先遣部隊有副主廚強尼・伊茲尼（Johnny Iuzzini）與柯尼爾斯・葛立格（Cornelius Gallagher），他們在週四抵達。後來，強尼主持了一檔很成功的美食節目，並且以名廚尚喬治・馮格里奇頓（Jean-Georges Vongerichten）旗下餐廳糕點主廚的身分，多次榮獲詹姆斯・比爾德獎（James Beard Awards）；柯尼爾斯日後則是成為海景餐廳（Oceana）的主廚，這間餐廳是曼哈頓中城的海鮮殿堂，獲得《紐約時報》三顆星的評價。不過，當時他們兩個人還是小夥子，而我則是康乃爾大學飯店管理學院的書呆子，一心想給他們好印象。因此，我為了要去機場接他們，特別向坐在隔壁的女同學借了一台奧迪A5。班上同學開的車當中，就這一台最正點。

伊薩卡市沒有高級餐廳。如果想讓客人大塊朵頤，可以帶他們去卡尤加湖（Cayuga Lake）邊的格林伍德松樹餐廳（Glenwood Pines）。這間餐廳的景觀優美眾所皆知，他們用法國麵包做的巨大起司漢堡同樣遠近馳名。想像一下墨西哥辣椒的風味、彩繪玻璃吊燈下方有投幣式撞球檯、有節疤的松木吧檯後方放著電視機，而電視畫面正在轉播球賽。

漢堡沒讓人失望，我們點的啤酒也不錯。之後，我的貴賓想知道我是否剛好知道可以在哪裡買到大麻。

其實，我真的知道哪裡可以買到。最後，我們一行人來到我住的地方，就在學院大道一三〇號。這是一間典型的大學派對屋，飯廳有一張老舊的撞球檯，門廊擺了兩張有霉味的舊沙發，我們就這麼歡鬧到凌晨。

第二天，我踏著顛顛簸簸的步伐去上課，柯尼爾斯與強尼則去本校學生經營的史塔特勒飯店（Statler Hotel）廚房報到，準備客座大師晚宴的餐點。直到晚上，我才和他們碰到面。丹尼爾・布魯德已經來了。和這位名廚見面時，我緊張得不得了。丹尼爾很親切，也相當有魅力。強尼與柯尼爾斯再次見到我，兩人都眉開眼笑。

晚宴進行得很順利。大功告成之後，依照慣例，每一個人——丹尼爾、柯尼爾斯、強尼以及班上大多數同學——都去校園附近的在地廉價酒吧魯洛夫（Rulloff）喝兩杯。夜愈來愈深，人卻愈來愈多，於是大夥兒自然而然又來到我的住處；我家地下室隨時都至少會留藏一桶酒。大家都有點嘴饞，但廚櫃裡空無一物；有個櫃子的門只剩一個鉸鏈，但打從我搬進去那天它就壞了。

這就是為什麼我和丹尼爾・布魯德醉得東倒西歪，還要在凌晨一點的時候回到史塔特勒飯店的廚房。

我們走近飯店櫃台的時候，丹尼爾用迷人的法國腔解釋：「我是今晚活動的主廚，所以我一定要進去廚房。」走進廚房後，我們拿了平底鍋、奶油、雞蛋、松露以及魚子醬，然後回到學院大道一三〇號。

丹尼爾・布魯德就在我那個破爛不堪的廚房，用紅色免洗杯倒了杯密爾瓦基最佳冰釀啤酒（Milwaukee's Best）來喝，一邊幫我們這票喝得七葷八素的大學生做松露炒蛋。不過，這位世界級的名廚有沒有在我的撞球檯上倒立喝酒？那就不得而知了。

凌晨三點，大家依依不捨的離開派對，並且在臨走前彼此互相擁抱。

服務的崇高光輝

在客座大師晚宴結束後，過了一個半月，爸媽要來參加我的畢業典禮，一切都已經安排妥當。但是，在他們出發前兩天，我媽陷入昏迷。

表姊麗茲一家人開著休旅車前來，免得我一個人孤零零的參加畢業典禮。我把學士帽拋向空中後，隨即衝向我的車。

我抵達波士頓、進入我媽的病房時已是深夜。我爸已經回家了，我在我媽的病床上沉沉睡去。半夜我醒來時，她也醒了。

接下來發生的事有如奇蹟。我媽居然能清晰的開口說話。六年來，這還是頭一遭。「你畢業了？」她問我。我回答：「是的。」我們就這樣輕鬆自在的聊了半天。她不再口齒不清，我也不必費神解讀她想要說什麼。

說著說著，她再次閉上眼睛。我跑出去找醫生，說道：「我媽醒了！」但這只是短暫的清醒，她又陷入昏迷。

到了早上，我回家看我爸。他已經在醫院陪伴我媽好長一段時間，因此累壞了。我提議去壁球場快速打一場，好提振精神。我們正換衣服準備要出門時，電話響了。當我看見爸的臉色就知道，媽走了。

我寫了一篇追悼文，要在她的葬禮上宣讀，但是當我正要開口的時候，突然覺得不應該念那篇文章。後來，我講了幾則趣事，舉例來說，儘管對我媽而言，說話是很大的挑戰，但她每次打電話購物時，總是能清楚說出我爸的信用卡卡號。之後，我們舉行一場盛大的舞會，慶祝她今生今世活得精采，而非為她的離去哀傷。

很久以後，麥迪遜公園11號有位顧客告訴我，大多數人都是為了慶祝才從酒窖拿出最好的酒來喝，但他總是在最糟的一天把最好的酒拿出來。聽他這麼一說，我馬上想到我媽的葬禮，這和我們那天晚上做的事異曲同工。看我們那樣開派對相聚，她必然會含笑九泉。

失去摯愛的人都知道，遭逢巨變之後，接踵而來的日子會變得非常黑暗。來訪的親友一一告別，左鄰右舍不再送砂鍋燉菜過來，只剩直系親屬。驚愕漸漸消散，悲傷滲入心房。

我媽去世後的那一週，我本來應該飛去西班牙實習，在康乃爾校友經營的一間餐飲學校擔任廚師助手，換取當地的食宿。但是我媽剛走一週，我不能就這樣飛去西班牙，更重要的是，我放不下我爸。

然而我爸一直催促我按照計畫行事。「你打算怎麼做？坐在這裡哀傷度日嗎？去搭飛機吧。如果不想待在那裡，隨時都可以轉身回到家裡來。」

因此，在這樣肝腸寸斷的日子，我打起精神，計畫去西班牙的行程。就算我人在波士頓，由於時間倉促，唯一飛西班牙的班機是在紐約甘迺迪機場起飛。所以我爸說要開車送我過去。

這時，我心生一念，鼓起勇氣寫了一封電子郵件給丹尼爾・布魯德主廚：「這週六我想帶父親去您的餐廳用餐，不知道是否可行？」

要去丹尼爾餐廳吃飯至少得等好幾個月，但我收到的是非常暖心的回覆：「歡迎之至。上回我去你家作客，現在當然歡迎你們大駕光臨。」

由於時間很緊迫、快趕不上預約時間，所以我們只得在九十五號州際公路旁的加油站換上西裝。我完全不知道今晚會發生什麼事，就算我們不是要去世界上最棒的餐廳，我仍然非常焦慮，因為這是我第一次請我爸去餐廳吃飯，而不是他帶我去。

到了丹尼爾餐廳，總經理在門口迎接我們。「你們能來，丹尼爾主廚非常興奮。我幫兩位帶位。」我們跟著他穿過酒吧、走過主用餐區，經過廚房之後上樓，進入豪華私人包廂空中之盒（Skybox）；這個包廂有一面牆是透明玻璃，可以俯瞰廚房，觀賞丹尼爾・布魯德帶領四十名尖兵，在最先進的環境裡工作。

能在這裡用餐，實在是千載難逢的機會。我目瞪口呆。此刻，包廂對講機傳來丹尼爾的聲音，打破寂靜。他親切的叫我的小名：「威利！」

接著，一道道佳肴從廚房送上來。每次上菜，丹尼爾都會透過對講機為我們解說。我們品嘗極上之味，啜飲香醇美酒，感受丹尼爾溫暖的款待。我看著我爸，多年的疲憊與痛苦都從他臉上消失了。

那是我度過最悲傷的一個夜晚，我讓自己沉浸在悲傷之中。我爸也是如此。然而，在那樣悲慟的夜晚，布魯德主廚和他的員工還是讓我和我爸體驗人生最美好的四個小時。難以想像世界級名廚陪我們到凌晨，還帶我們參觀他的餐廳。這一餐是如此美麗、漫長，乃至於我們和丹尼爾擁別時，不只是最後一組客人，而是整間餐廳早已空無一人。當晚，沒有人開帳單給我們。

我早就決定投身餐飲業，但是那一晚，我才了解到，這一行是多麼重要、多麼崇高。在人生的黑暗時期，丹尼爾與他的員工為我和我爸提供的這一餐，就像是帶來一道光，我們永遠不會忘記。儘管我們的痛苦沒有消失，但有幾個小時，我們獲得喘息。丹尼爾的款待讓我們走進慰藉與復原的綠洲，使我們在悲傷之海當中登上一個快樂與關懷的島嶼。

如果你從事服務業——**但我相信不管從事哪一行，你都能選擇抱持款待的心**——你有幸和人們一起慶祝生命中最快樂的時刻，也有機會在人們最難過的時候，讓他們暫時獲得安慰與解脫。

最重要的是，我們有機會——也有責任——為這個世界創造更多的魔法。因為這個世界正迫切需要更多魔法。

第三章

意圖的非凡力量

在我長大成人之前，每週六我爸去工作，我都會當他的小跟班。那時，有很長一段時間他是餐廳協會（Restaurant Associates）的會長。這個協會是一個很大的組織，管理餐飲行業的相關事務，他們負責的餐廳從街角的咖啡店到公司的員工餐廳，甚至包含精緻餐飲的高檔餐廳，如彩虹餐廳（Rainbow Room）*與四季酒店。

我爸身為餐廳協會會長，得去餐廳視察，像是洛克斐勒中心（Rockefeller Center）的魯爾曼啤酒館（Brasserie Ruhlmann）、林肯中心（Lincoln Center）的餐飲供給等。由於那些地點都是人聲鼎沸，他常把我交給廚師或服務生看顧。這時，他們就會指派工作給我，好讓我乖乖待著。我喜歡走到這些餐廳的幕後，也熱愛穿過餐廳時在我體內湧動的活躍力量。

前文提到，十二歲生日時，我爸帶我去四季酒店吃飯，還偏偏是從海洋世界（SeaWorld）回家的路上。大約一年後，我爸就問我長大之後想做什麼。

問一個十三歲孩子這樣的問題，似乎有點瘋狂。但我爸對於教養一直很認真，就像他做的每一件事一樣：每天清早，他醒來後，就會把我媽抱到輪椅上，幫她洗澡，給她做早餐，餵她吃，然後才出門上班。十五個小時後，他回到家，又把早上的事倒著做一次。但他總會找時間聽我敲打新曲目，或是協助我完成作業。

他的精力與無私令人驚異。我現在知道，如果他沒有精確的規劃每一天、做事講究輕重緩急、判別出無可妥協的事物，就不能做好一個商業人士、丈夫、父親該做的事。對我父親來說，意圖不是好高騖遠，也不是商業哲學，而是必須具備的想法。

我從他那裡了解意圖的重要性，因此，你會看到我經常把這個詞掛在嘴上。意圖指的是，**你做的每一個決定都很重要，從顯然最重要的決定到看似平凡的決定皆是。**抱持意圖去做一件事，意味著深思熟慮的做，有明確的目的，並且著眼於預期的成果。

由於我有這樣的父親，也就難怪我在十三歲就很清楚自己的人生目標是什麼。首先，我要在康乃爾大學酒店管理學院（School of Hotel Administration）學習餐飲管理。第二，我要在紐約開一間餐廳。第三，我要和辛蒂・克勞馥（Cindy Crawford）結婚。

從那個時候開始，我做的一切都是為了達成這些目標。我可以自豪的說，前兩項目標都達標，而第三項目標更是「超標」了。（克勞馥小姐，我無意冒犯您，但我太太真

＊譯注：彩虹餐廳在紐約地標洛克斐勒中心的頂樓（六十五樓），店內有彩虹燈光而得名。內部裝潢奢華典雅，可俯瞰絕美夜景。

的很了不起。）

我的第一份工作是在柏油村（Tarrytown）的三一冰淇淋（Baskin-Robbins）打工。那時，我十四歲。一大堆冰淇淋蛋糕都慘遭我的毒手。天曉得要在蛋糕上擠出「生日快樂」（Happy Birthday）的字樣有多難。高中時，我在威徹斯特的茹絲葵牛排館（Ruth's Chris Steak House）當洗碗工兼領檯員。某年暑假，我在沃夫岡・帕克（Wolfgang Puck）在好萊塢開的史帕哥餐廳（Spago）當外場服務生。後來，我也在德魯・尼波蘭特（Drew Nieporent）的翠貝卡牛排屋（Tribeca Grill）服務。我甚至曾在沃夫岡・帕克開的另一間餐廳紫蘇清（ObaChine）做了一個夏天。*

高三那年，我申請康乃爾大學酒店管理學院，並且順利錄取了。

但是我爸要我三思。他沒有完全反對我選擇餐飲業，只是不確定我現在做決定是不是太早。如果決定要拿酒店管理的學位，職業生涯就定型了。（他接觸過康乃爾大學畢業生，發現他們常會以天之驕子自居，自認為是當執行長的料。他真的不想看到我變成這樣的混蛋。）不過，我錄取康乃爾時，就知道這不是我的人生目標。

我喜歡康乃爾大學，也在那裡遇見幾位摯友。快畢業的時候，我與好友布萊恩・康利斯（Brian Canlis）去曼哈頓玩。我們從翠貝卡往上走，在城裡最好的餐廳享受美食、喝杯小酒，像是諾布（Nobu）、蒙哈榭（Montrachet）、香德烈（Chanterelle）、柔伊（Zoë）、高譚餐酒館（Gotham Bar and Grill）、感恩小館（Gramercy Tavern）、聯合太平洋餐廳（Union Pacific）、塔布拉（Tabla），以及麥迪遜公園11號。我們繼續走，也到杜卡斯（Alain Ducasse）、藝術家小館（Café des Artistes）等有名的餐廳用餐。†

在我們去過的這麼多間餐廳當中，有兩間給我留下深刻的印象，那就是塔布拉與麥迪遜公園11號；這兩間餐廳的老闆都是丹尼・梅爾（Danny Meyer）。我在那兩間餐廳用餐特別覺得自在、舒服。回學校後，就想更加了解他經營的餐廳。沒想到幾個月後，梅爾的合夥人理查・柯蘭（Richard Coraine）蒞臨康乃爾大學，還來我們班上演講。他們創辦的事業叫作聯合廣場餐飲集團（Union Square Hospitality Group，縮寫為USHG），

＊譯注：沃夫岡・帕克是奧地利出身的米其林傳奇名廚，連續二十五年皆是奧斯卡晚宴御用主廚。史帕哥是他的第一間旗艦餐廳，紫蘇清是他在西雅圖開設的餐廳，名稱結合日文的紫蘇葉（Oba）與法文的中國（Chine），主打融合韓國、唐人街的亞洲風混搭菜單。而翠貝卡牛排屋的名稱源自TriBeCa，是Triangle Below Canal的縮寫，指曼哈頓下城街區的運河街下方三角地帶。

†譯注：諾布是日本名廚松久信幸（Nobuyuki Matsuhisa，暱稱Nobu）在一九九三年和好萊塢巨星勞勃・狄尼洛（Robert De Niro）合資開的餐廳。香德烈（Chanterelle）的原意為「雞油菌菇」。而塔布拉這間印度餐廳的名字則源於印度的塔布拉手鼓。

實在讓我折服。

當時，丹尼只開了四間餐廳，分別是聯合廣場餐廳、感恩小館、麥迪遜公園11號與塔布拉。感恩小館與聯合廣場餐廳深受紐約市民喜愛，也難怪總是在每年的紐約餐廳評鑑薩格指南（Zagat Guide）名列第一、二名。麥迪遜公園11號原先是集會廳，現在則是一間熙攘的餐館，座落在裝飾藝術風格（Art Deco）的地標建築中，空間呈挑高的拱型，大理石鋪設的牆面典雅大方；而塔布拉的空間比較小，就在隔壁，以印度料理聞名全國。

丹尼以獨特的美國中西部風格，為紐約精緻餐飲的高檔餐廳帶來革命性的變化。他的餐廳給顧客帶來更體貼、自在的用餐體驗，餐點更是出色——主要是因為他有一支非凡的員工團隊。

聯合廣場餐飲集團的文化基石就是丹尼所謂的「啟發式的款待」。這種哲學顛覆傳統的階級制度，公司把員工放在第一位，連顧客或投資人都不能和他們相比。但這並不代表顧客受到的待遇會變差；其實，實際狀況恰好相反。丹尼的中心思想是雇用優秀的人，善待他們，大幅投資在他們個人與專業方面的成長，如此一來，他們便會待客如親、無微不至——而且他們的表現正是如此。

我從康乃爾大學畢業時，已經打定主意：我想為丹尼・梅爾工作。我從西班牙回到紐約後，獲得和理查・柯蘭面試的機會。諷刺的是，我去麥迪遜公園11號面試，理查卻要我到塔布拉擔任經理。在接受這個職務之前，我讓自己好好想想。儘管麥迪遜公園11號與塔布拉都不是華而不實的餐廳，我實在想不到自己能在這麼高檔的地方工作；再說，如果起司漢堡和鵝肝讓我選，我會選漢堡（直到現在我的選擇仍然不變）。

於是，我跟我爸商量。這不是我第一次尋求他的意見，也不是最後一次。他為我分析解惑：「在高檔餐廳學習正確的做事方法要比改掉壞習慣來得容易。你總是可以由上往下走，但要由下往上爬就難多了。」

一個月後，我成為塔布拉的經理，管理外場團隊。我的職涯養成之路就此展開。

第四章

啟發式的款待

塔布拉改變了美國當代的印度料理，促成轉變的引擎就是佛洛伊德・卡多茲（Floyd Cardoz）。這位主廚的料理靈感來自他的故鄉果阿（Goa）。

麥迪遜公園11號和塔布拉同時開幕，麥迪遜公園11號獲得《紐約時報》二星的評價，塔布拉卻更勝一籌，榮獲令人豔羨的三星。對高檔印度料理來說，這是一大勝利，也是對佛洛伊德堅毅不撓的精神與高超廚藝的真正禮讚。

我正是在塔布拉學到劣勢者的力量。儘管塔布拉大獲好評，營運方式卻和集團裡的其他餐廳大不相同。佛洛依德堅持，我們要以局外人自居，並且把這樣的身分當成榮譽徽章。同時，他低調內斂，在這個城市創造絕贊料理。

佛洛伊德希望新來的外場經理能尊敬他們在廚房做的一切，因此我們在入職的時候都得去廚房見習。我到廚房報到時，天真的以為只要站在那裡看就行了。結果，有人帶我去備料區，給了我一桶蝦子，要我挑出腸泥。我足足站了三個小時只做這一件事。

第二天，佛洛伊德要我切洋蔥。我戒慎恐懼的接下這個任務。雖然我偶爾會下廚，大學時期也上過烹飪課，但很確定自己絕對達不到他的標準，事實上我的確沒有達標。佛洛伊德沒對我大吼大叫，但他的確把我切的洋蔥都丟到垃圾桶，把我手中的刀拿過去，示範正確的切法給我看。儘管只是切洋蔥這樣簡單的任務，看他那麼聚精會神、慎重其事，這一幕預告我未來在這裡的工作會是什麼樣子。

他是個不折不扣的硬漢，然而每當他露出燦爛的笑容，總會教人情不自禁的愛上他。看我們第一次品嘗新菜色並表現出大為震驚時，他總會露出孩子般驚奇的神情。這副表情就像他的料理，同樣鼓舞人心。

最好的領導者走進一個地方的時候會發生兩件事：底下的人會繃緊神經，確定沒有任何紕漏，同時也會露出微笑。這就是我們看到佛洛伊德的反應。塔布拉是他最狂野的夢想，每一個聽他發號施令的人都全力以赴，成為他實現夢想的助力。

努力超越

丹尼・梅爾在開創性的著作《全心待客》（*Setting the Table*）中闡述啟發式款待的哲學。書中有這麼一則故事：一對夫婦去他旗下的一間餐廳慶祝結婚週年紀念日，吃到一半才猛然想起他們把一瓶香檳放在冰箱冷凍室，於是請侍酒師過來，問道這瓶香檳是否會在他們回家前爆掉（答案是它不爆裂的機率微乎其微）。侍酒師自告奮勇幫忙解決問題，於是拿了他們家的鑰匙，拯救這瓶香檳，讓他們能放輕鬆，好好吃完這頓飯。這對夫妻回到家後，發現香檳安全的塞在冷藏室的一角，還多了一罐魚子醬、一盒巧克力，以及餐廳送的一張結婚週年紀念日賀卡。

這則故事以及其他許多類似的故事在我們集團內部流傳，激發每一個人的創意，為顧客提供更加順暢、輕鬆且愉快的體驗。因此，我們第一次發現顧客吃到一半突然站起來，說她得去停車計時收費器投幣，就自然提出要幫她完成這個舉手之勞。

最後，這個舉動成為我們的服務標準步驟。領檯員會問顧客：「您今晚怎麼來的？」如果顧客說：「噢，我們開車來的。」他會接著問：「好極了！您車子停在哪裡？」如果他們回答停在路邊、有停車計時器的停車格，領檯員會問哪一輛是他們的車，我們會派人跑出去幫忙投幣，讓顧客好好用餐，用不著擔心停車超過時間。

這個小忙就是所謂的錦上添花，非絕對必要的貼心之舉。這樣的款待甚至不是在餐廳之內發生！然而，這個微不足道的小禮物——不過只花不到一美元——就能讓顧客覺得不可置信。

將這種服務系統化，把英勇出手協助變成理所當然的事，就像幫忙掛外套或遞上甜點菜單般稀鬆平常。這樣的舉動在我們眼裡愈是平常，顧客的感受就愈不尋常。

熱情會傳染

我開始在塔布拉工作時，我們的總經理是蘭迪・賈魯堤（Randy Garutti）；他後來成為Shake Shack的執行長。

蘭迪是正能量的化身，也是火力全開的啦啦隊長，總是為和他共事的每一個人加油打氣。他不但是嚴肅主廚佛洛依德的完美襯托，更能充分顯現聯合廣場餐飲集團的招牌精神，也就是生氣蓬勃與誠正篤實。

丹尼的合夥人理查・柯蘭經常告訴我們：「如果想看到驚奇的事物，只要有一個熱情洋溢的人就夠了。」蘭迪就是那個人。

蘭迪一直是個運動狂，也把運動員孜孜不倦的努力、教練的經驗傳承，以及團隊精神灌輸到他做的每一件事上。他主持上班前的例會（班前例會）的方式就像運動電影中熱情激昂的教練賽前在更衣室喊話，最後還總會舉起拳頭幫我們打氣，高聲說道：「夥伴們，加油，你們可以的！」

蘭迪的活力就像一道波浪，把你推升起來，不管你怎麼想。這就是為什麼他可以把一群心不在焉、飢腸轆轆，甚至可能還在宿醉的人變成一支勁旅。從他身上，我學到一點：**讓你的光與熱去影響跟你說話的人，別讓你的熱情被人澆熄。**

對一個大學剛畢業、有點憤世嫉俗的年輕人來說，蘭迪陽光般的樂觀態度有時教人不可置信。如果你問他今天過得如何，他會說：「你知道嗎？我正努力讓今天成為我人生中最美好的一天。」人們聽到這句話可能會翻白眼，但這種堅定不移、滿滿的正能量的確無法抗拒，主要是因為蘭迪不是光說不練，他說的每一個字都是發自肺腑——不久後，我們都相信他說的話。

蘭迪還會想辦法證明他對我們的判斷有信心，讓我們相信自己有獨當一面的本事。「如果我早點走，你可以吧？」他會這麼問，然後把大門鑰匙扔給我。我只是個二十二歲的毛頭小伙子，受到這樣的託付，真是受寵若驚。如果老大不在，那我就是老大——這也就是為什麼蘭迪不在的時候我反而更加賣力。

更重要的是，我從來沒有忘記他的信任對我而言代表什麼意義。我漸漸了悟信任部屬去承擔責任的重要性，一旦我成為拋出鑰匙的人，這就是我的第一要務。

語言創造文化

丹尼一直都很清楚如何藉由語言來塑造文化，這樣做可以讓基本概念更好理解、更容易傳授。他擅長創造語彙來描述共同的經驗、潛在的陷阱，以及好的結果。

這些字句會不斷出現在電子郵件中、班前例會上，以及餐飲集團工作人員的交流內容裡。例如，他主張要「不斷輕柔的施壓」，就是源於日語的「改善」（kaizen），意指組織裡的每一個人都該力求進步，精益求精。而「充滿運動精神的款待」意味不管是進攻（讓本來已經很棒的顧客體驗變得更好）或是防禦（為錯誤道歉並改正錯誤），都應該以求勝為目的。「化為天鵝」則提醒我們，在桌間巡行時，顧客應該只看到我們優雅的細長脖頸與潔白無瑕的羽毛——而不是拚命在水面下划水的腳蹼。

這樣的詞彙不勝枚舉，通常和真實故事有關，像是幫顧客解救冷凍庫裡的香檳。如果你知道這樣的故事，歡迎和大家分享，以便收錄在服務準則當中。

丹尼的《全心待客》出版後，這些概念與金句很多都融入餐飲文化，並廣泛傳遞。

我最喜歡的是「仁慈看待事物」——這句話提醒我用最寬容的角度來看人，為人設想，特別是看到員工表現差勁的時候。例如，假設員工工作遲到，與其當下破口大罵，說他們扯後腿、影響團隊，不如先問：「你遲到了，沒碰到什麼事吧？」

丹尼也鼓勵我們用這個角度來看待顧客。像是碰到難纏的顧客，我們自然會覺得這種奧客不值得最好的款待，但我們可以從另一個角度來設想：「也許顧客和配偶正在鬧離婚，也許他的親人生病了，才會態度不好。或許這個人就是比其他人需要更多關懷與款待。」

餐廳工作的節奏很快，因此訂立一套速記方法極其有幫助。這種共同的語言意味我們可以給顧客更好的款待——也對我們彼此更好。因為，你一旦開始仁慈看待事物，就會發現你也會這樣對自己。

我們第一天上班，在新進員工會議上就接觸到這些概念。這樣的會議很不尋常；我在康乃爾大學結識的朋友都去大型餐飲公司上班，就不曾開過這樣的會。我們餐飲集團重視這種會議，這樣的企業文化也就傳遞出不同的訊息：「我們有自己的做事方式，這比教你如何在餐廳移動，或是怎麼說明菜色來得重要。」

一開始，丹尼要每個人用一、兩句話自我介紹。當我們對彼此有一點了解之後，要請人幫忙或是需要別人的建議時，就容易多了。（附帶一提，如果你想給約會對象留下好印象，邀請對方一起去喝個小酒，這樣做也很有幫助。）

這種自我介紹也傳遞出更深一層的訊息：集團的大老闆願意挪出至少一半的會議時間，聆聽每一個人自我介紹，這讓我們這些新人印象深刻。因此，我們打從一開始就知道，啟發式款待的核心概念不是虛言，互相提攜照顧的想法要比什麼都來得重要。

在會議中，丹尼接著一一解釋這些概念，以及它們在文化中發揮的作用，讓我們了解為什麼語言非常重要。他關注的不是做什麼，而是為什麼。因此，這樣的會議就像大學新生訓練，而非公司的就職會議。

光是待在會議室，感覺就像加入一場運動或接受一項任務——一個充滿活力、令人興奮的社群要比你自己來得重要。

是文化？還是邪教？

在全國各地其他大型餐旅事業工作的朋友都不相信我的經歷。有人甚至不以為然的說：「你是在為邪教工作……。」

我知道他們的意思。我們有共同的內部語言、矢志效忠老闆，並且一反常理的承諾互相照顧，種種做法都為我們的餐飲集團蒙上一點宗教色彩。但我後來發現，如果一間公司在文化上的投資不足，他們的員工才會說重視文化的公司是「邪教」。

丹尼的管理風格讓關心變成一件很酷的事。如果你在另一種類型的公司工作，或許會覺得我們這麼做很可笑。然而，我們這些為他工作的人都不由得會被他創造出來的文化感染，而這種文化的目的就是要讓人有良好的感受。

我們都很高興來這裡工作，我們的同事也一樣。我們看到老闆走進來，會更加賣力——不是因為我們害怕，而是因為我們希望他們看到，在這個行業，我們是頂尖的好手。每一天，我們看到顧客心滿意足的離開，把所有煩惱與疲倦拋在腦後。他們迫不及待能再度上門，我們也竭誠歡迎他們再度光臨。

這種文化很強大，也有發揮作用。你可以說這是一種邪教！身為其中的一員，我引以為傲，不管別人怎麼說，我也毫不動搖。

因此，丹尼宣布說他要在熨斗大廈附近開一家名叫藍煙（Blue Smoke）的爵士俱樂部，請我擔任總經理助理時，我非常興奮。*我從小就喜歡玩音樂，對一個二十二歲的年輕人，這豈不是千載難逢的機會？

問題來了：我到底是哪根筋不對，竟然謝絕這份工作？

* 譯注：熨斗大廈（Flatiron Building）是一座熨斗形狀的三角大樓，座落在紐約市中心二十三街、百老匯大道與第五大道交叉的三角形的街區上，尖頭指向麥迪遜廣場南邊。

第五章

餐廳與企業經營大不同

「在你一頭栽進去之前，得先確定還有別條路可走。」

深夜，塔布拉打烊後，我在散步回家的路上打電話給我爸，說丹尼要給我一個夢寐以求的職務。我想他應該會跟我一樣興奮。然而，他以平靜、慎重的語氣問我，對我而言，這是最好的安排嗎？他甚至列出所有的原因，說明這可能不是最好的選擇。我和往常一樣用心聆聽，因為他不只是給我建議，還會花時間解釋為什麼。這一直是我很想學會的領導技能。

他知道我有多熱愛在丹尼・梅爾的麾下工作，也承認我在他的餐廳學到的東西，是在其他地方學不到的。但在當時，丹尼只有四間餐廳。即使它們已經是全國首屈一指，他仍然鼓勵我為更大的餐飲集團工作——也就是有程序、有系統的企業——因為那時聯合廣場餐飲集團還沒有時間建立這些制度。

我爸就在那通電話為我分析餐廳經營與企業經營概念的不同。

他描述這兩者的區別。用最簡單的話來說：在哪裡工作能賺最多錢？在餐廳，還是在企業？這說明組織的經營管理是一門學問。

餐廳的工作團隊有比較多的自主權，也有更多空間可以揮灑創意。由於他們往往覺得自己能獨當一面，也更賣力工作。在餐廳工作比較能靈活應變，進而提供顧客更好的款待。此外，在餐廳工作的人不會受到很多規則或系統的束縛，比較容易建立人與人之間的連結。但是，餐廳通常缺乏企業的支援或監督——而系統正是大企業立足的基礎。

從另一方面來看，企業則有許許多多後端系統與控制，如會計、採購以及人力資源——這些系統與控制正是讓企業成功壯大的關鍵，通常也會帶來更多利益。但是，系統顧名思義就是控制——從第一線工作人員奪走的控制權愈多，他們發揮創意的空間就愈少，而顧客感受得到這一點。

餐廳可以發展成偉大的事業，而企業也能提供最好的款待。但由於兩者的首要任務不同，也就會從根本上影響顧客體驗。

我明白我爸的意思。丹尼是經營餐廳的佼佼者，他的事業就像有機體那樣發展，欠缺大公司具備的基礎設施。那時，聯合廣場餐飲集團甚至連一間像樣的辦公室也沒有，丹尼總是把感恩小館地下室的一個房間當作辦公室使用。

為丹尼工作的人擁有極大的自主權，這對創意的發揮來說再好不過，要是主廚想使用特別又昂貴的食材，不必填一千張表格來說明並取得核准。但這樣的自主權有時也可能招致負面的影響。如果集團裡所有主廚都和丹尼旗下餐廳的主廚一樣，向不同的供應商訂購洗碗劑，公司就失去集體議價的寶貴機會。不過像洗碗劑這樣的用品，根本對顧客體驗毫無影響。

我爸知道我在丹尼那裡學到很多經營餐廳的竅門，但他希望我有朝一日能經營一間結合餐廳經營與企業經營優勢的公司。

現在，我應該重新拜師學藝，了解另外一半的知識了。

控制不一定要扼殺創意

於是，我離開塔布拉，到大都會人壽大樓（MetLife Building）上班，在我爸的老東家餐廳協會擔任採購兼財務助理。那時，塔布拉已是紐約最難訂位的餐廳。換句話說，我走出餐廳的花花世界，走進枯燥乏味的大樓地下室。

餐廳協會的採購主管肯恩・傑斯卡特（Ken Jaskot）不需要全職助理，財務主管哈尼・伊希康（Hani Ichkhan）也一樣。因此，我把時間一分為二。早上六點到中午，學習盤點冷藏庫的食材、收貨、計算銷售成本，以及訂購食材與備品。吃完午飯，我脫下白色工作服，穿上西裝、打好領帶，到樓上的會計部門和數字纏鬥。

採購與財務雙管齊下的工作讓我獲益良多。餐廳每賺一美元，食材與飲料的成本就占三十美分。送進冷藏庫裡的食材通常沒幾天就沒了。對我來說，生蠔不是奢侈的海鮮，也不是試算表中的一個格子；它們是我當天早上親手數過、要價不菲的醜陋小石頭，然後放在裝有冰塊的箱子裡。

在樓上，哈尼要我每天針對業務的每一個層面提交報告，像是應付帳款、應收帳款、薪資、食材成本、庫存等，我每天都得和這些數字打交道。因此，我每天上午都在根據狀況做決策，下午則追蹤我做的決策會對組織的財報造成什麼影響；等於是新兵訓練營與商學院兩頭跑。

結果，我愛上這樣的工作。想不到吧！

哈尼實在非常老派，現在還在用皮革製的帳本。在他的辦公室，「赤字」不是一種說法，而是真的用紅色墨水寫上去的數字。看他翻閱報告，就像看佛洛伊德在塔布拉做香料實驗。我第一次看到有人用超乎常理的熱情和巧思來處理企業的財務問題，和丹尼對啟發式款待抱持的態度如出一轍。

我滿心期待，想知道會發生什麼事。一天下午，哈尼特別挑出我做的一份報告。他發現一間餐廳某個月的食材成本大幅上升，下個月也是一樣。他又從一堆文件中抽出一份報告，上面顯示那間餐廳賣出很多龍蝦。另外一份報告則表示：龍蝦價格暴漲。他馬上打電話給肯恩確認：沒錯，龍蝦供不應求，價格已經漲到天花板了。

接著，他打電話給主廚問道：我們的龍蝦料理是不是賣得太便宜了？的確，以進貨價格而言，這道料理賣得太便宜了，但是如果要調漲價格以反映成本，必然會把顧客嚇跑。因此，我們只有一條路可走：儘管這道菜很受歡迎，仍必須從菜單下架，至少在龍蝦降價前必須這麼做。幸好，主廚一直在研究一道扇貝料理，可以用來取代龍蝦。

此時，哈尼對我說：「威爾！你去弄清楚，我們協會裡還有哪幾間餐廳在賣龍蝦料理。」我打了幾通電話……餐廳協會的龍蝦季宣告結束。

這一連串追逐戰真是驚心動魄。沒想到我做的報告會像這樣超展開，我真希望手裡有包爆米花就好了。不過，這次風波讓我見識到哈尼的分析系統有多厲害。他一看到食材的成本金額，就動用所有的資源與職權來找出癥結並解決問題。他只花了二十分鐘，甚至沒有離開辦公桌，就為餐廳協會省下一大筆錢。我那些單調乏味的子報表突然變得有趣起來。

如果是餐廳，就沒有人會打這通電話。就算財務（如果真的有財務的話）碰巧發現這樣的錯誤跑去問主廚，對方可能會叫他別多管閒事。

但是聽著哈尼打電話，我發覺企業裡有人掌握這種控制權不一定是壞事。主廚的獎金和食材成本掛鉤，如果他的表現持續低於平均水準，他的位子也不保了。這也就是為什麼主廚聽到哈尼指出正在賠錢的地方時，聲音聽來有鬆一口氣的感覺。後勤部門有效率意味主廚用不著擔心數字，專心於本業就好。我們沒有奪走他的創意，而是讓他更能施展創意。

我們常聽到人們說經營餐廳有多麼難，實際上也確實很不容易；餐廳老闆面臨獨特的變數，利潤又低。不管開餐廳第一年就失敗的統計數字有多嚇人，會失敗主要是因為開餐廳的人不了解這一行的經營問題。

我離開塔布拉前往餐廳協會工作時，志願是有朝一日能成為丹尼那樣的人。但在龍蝦事件之後，我的偶像是哈尼。

相信過程

我從哈尼那裡學到很多新的東西，相當開心，但這並不代表他沒有把我逼瘋。

我在康乃爾大學上會計課時，教授說損益表是起點，也是終點。這是從三萬英尺高的視角俯瞰，著眼的是全貌；這也是一張企業快照，告訴你哪些地方做得不錯，哪些則需要注意。

因此，我為哈尼工作時，一直很想看看他監督餐廳的損益表。但他就像一隻猛龍，小心翼翼護衛那些損益表，不讓我越雷池一步。

但我還是死纏爛打，不斷糾纏他：「拜託，讓我看一眼吧。現在可以嗎？該讓我看了吧？現在給我看，好不好？」每一天，他都叫我去做自己的報告，把我打發走。

半年後，有一天，他竟然大剌剌的把一份損益表攤在我眼前。我才翻開，他就連珠砲似的問我一大堆問題。不過，名師出高徒，我做的報告堆積如山，也練就一身功夫，知道如何反守為攻。

由於我樓上、樓下跑來跑去，我對試算表幾乎有一種異常的了悟。我們的免洗用品花費高昂，但不是因為浪費或過度濫用，而是餐廳協會訂製太多印有商標的外帶包裝袋，都寄過來存放，樓下的人在我們發現問題之前，就直接放到貨架上了。沒錯，他們在拆箱、上架之前應該先查看收據。但至少，我知道為什麼免洗用品的數字會這麼不尋常了。

我很感謝在人生的那個階段遇見哈尼這樣的主管，如果我跳過這個關卡，就學不到這麼多東西。在我後來的職涯中，每當領導著渴望承擔更多責任、獲得更顯赫頭銜的年輕人時，我常常會想到他。哈尼讓我等待，不是瞧不起我；他一直在迫使我穩固根基，這些根基會成為我日後得以依賴的基礎。等待沒有削弱我的雄心壯志，也沒有阻礙我進步。因為等待，我才學到要相信過程——當我教導員工如何把事情做對，就要從擦亮酒杯開始的時候，才了悟這門道理當中的智慧。

從最基層開始學習一套系統是無可替代的經驗。

有時候，控制會扼殺創意

九個月後，餐廳協會把我從採購兼財務助理的職位調走，給我一個新職位：位於麥迪遜廣場花園（Madison Square Garden）的尼克與史戴夫牛排館（Nick + Stef's Steakhouse）的總經理助理與財務。*

* 譯注：尼克與史戴夫牛排館隸屬帕迪納餐飲集團（Patina Group），創辦人是洛杉磯的米其林明星廚師約阿希姆・史匹立查爾（Joachim Splichal），餐廳名稱來自他兩個兒子的名字。

尼克與史戴夫牛排館很特別，基本上這間餐廳的生意一直都很冷清，但是在麥迪遜花園廣場的球賽開打前，總是會變成紐約最熱門的餐廳。球賽前兩小時，顧客像蝗蟲一樣湧進餐廳，點了大量牛排與美酒；接著，在球賽兩隊跳球開場前十分鐘，所有人集體起身往外衝。由於餐廳來客數量落差極大，在那裡工作的人都得身兼多職——但對我來說，這真是完美的工作。

擔任總經理助理的我，在賽前的緊要關頭東奔西跑、解決問題、幫忙服務生。我很高興能夠回到餐廳、和顧客交談，並且讓他們有更好的體驗。在冷門時段，我則負責會計工作，把我從哈尼那裡學到的一切付諸實踐。

兩個月後，我的努力讓餐廳的獲利率提高了兩個百分點。這份財務報告讓我興奮莫名，就像我在塔布拉第一次派領檯人員去路邊停車計時收費器幫顧客投幣一樣。

然後，有一天下午，我在吧檯後面幫忙，發現花卉的擺設會擋住酒保的視線，讓他看不到坐在吧檯末端的兩位顧客。這個問題很好解決：只要把花瓶移到吧檯另一端就好，這樣擺一樣好看。而且，那一端剛好是服務生到吧檯來端酒的地方，有時不免凌亂，花卉正好可以擋住顧客的視線。

沒想到兩天後，那些擺設又回到原來的地方。

我問總經理怎麼會這樣。「美術設計部門的人來過了，而且很火大。你不可以沒和他們說，就擅自移動擺設。那是他們的工作，不是我們的工作。」

等等，什麼意思？我連移動一個花瓶都不行？

從某個角度來看，我理解為什麼會這樣。如果你有很多間餐廳要管理，就必須採行一些控制手段。我恰好有設計方面的美感，但不是每一個人都懂設計，因此你不能讓人任意改變餐廳的布置。

儘管如此，那些坐在辦公室的人怎麼會比我們更清楚花瓶該怎麼擺？他們沒在吧檯後面站過一天，更別說我們餐廳的吧檯。每次我看到那一大束花，還有酒保伸長脖子去看坐在花瓶旁邊的顧客，都會覺得備感苦惱。我從哈尼那裡學到，企業的控制不一定會扼殺創意。但是從花瓶事件看來，如果控制太過頭，還是會扼殺創意。

然而，這只是眾多美好經驗的一個小插曲，我沒放在心上。球賽之夜依然使我熱血沸騰，辦公室也還有很多事要忙。

約莫一、兩個月後，我跟一個服務生發生衝突。

姑且叫他菲利克斯吧。只要是任職於服務業的經理都熟知這種人。他們對同事嗤之以鼻，還是每一個共事者的噩夢。然而，由於他們深受顧客喜愛，不管如何都不會被解雇。

這種人教我恨得牙癢癢的。**儘管他們受到少數常客喜愛，也不代表他們可以恣意破壞你努力建立的各項基礎。**這種人也許很有魅力，很會拉攏顧客，似乎能夠和顧客建立寶貴的關係，但他們也會給企業文化帶來嚴重的附帶傷害，絕不可等閒視之。

有一天，晚餐時段超過一半，菲利克斯才溜進餐廳，整整遲到兩個小時。這個問題不小，因為球賽之夜的人潮不是開玩笑的，即使我們人手充足也一樣忙得人仰馬翻。

不過，他走進來的時候，我還是用仁慈的預設立場問道：「嘿，我一直打電話找你。我很擔心，一切都還好嗎？」

他沒有道歉，只是輕描淡寫的說自己「忘了時間」。聽他這麼一說，我的擔憂轉變成火冒三丈。「為了填補你的空缺，大家都忙到快瘋了。你到底去哪裡了？」

「我用不著向你解釋吧，」他不客氣的一邊說，一邊推開我走向更衣室。

「不用換衣服了，」我在他後面叫道：「你給我回家吃自己吧！」

第二天，我接到人力資源部的電話。「菲利克斯打電話來了。我們知道他很難搞，但常客都喜歡他，他服務的顧客平均消費金額通常很高，所以我們決定重新雇用他。他明天會去上班，如果你能向他道歉，那就太好了。」

又來了——從某個層面來看，我真的明白：大型組織不可能讓一個二十三歲的毛頭主管解雇每一個惹惱他的人。但是，不管是誰坐在辦公室裡，只是從試算表查看菲利克斯賣出多少餐點與酒，不可能了解他對整個團隊造成的破壞。

我很清楚這會造成什麼影響，而且氣到快吐血。企業的經營自有一套，然而你什麼時候應該交出一些控制權，換取第一線人員的信任，畢竟他們才是真正和你的團隊與顧客接觸的人？

曾任美國海軍核子動力潛艦艦長的大衛・馬凱特（David Marquet）說過，有太多組織的高層人士擁有所有權力，卻缺乏訊息；而第一線的人則擁有所有訊息，卻沒有權力。[1]我漸漸了解到，企業經營控制過頭就會阻礙餐廳經營。

我依然堅持開除菲利克斯，也無法接受人力資源部的做法——他們沒有諮詢我的意見，也沒有聽我的說法，就推翻我的決定。

後來，每次我在調解自家員工的爭端時，時常想起這件事。「我們把我們的員工放在第一位」，「我們的員工」應該是指所有的員工。這是丹尼・梅爾啟發式款待的首要原則，但許多人都有所誤解。當他說：「首先我們應該照顧彼此。」不是指照顧鐘點員工是經理的工作，而是指每一個人都應該彼此關照。

經理也是員工。這並不表示他們總是對的，或是有權力任意開除忠誠的老員工。但是，**如果你照顧好經理，給他們成功需要的東西，他們就比較能夠照顧好自己的團隊。**

最後，我發點牢騷就把這件事拋在腦後，想辦法和菲利克斯相處，繼續做好工作。但是，如果我說這件事沒有影響到我怎麼看待自己的工作，那就是在說謊。我有很深的無力感，因為我的權力被剝奪了。在這種無能為力的情況下，我實在很難付出全力工作。我一天工作十二到十四個小時，只是為了實現別人的願景，而且我還知道他們對我的信任少得可憐。

幾個月後的一個休假日下午，我去聯合廣場咖啡館吃午餐。我的老上司蘭迪在那裡擔任總經理。（當時，我手上的錢不多，因此經常去朋友工作的地方吃飯，可以吃到免費招待的點心。）我走出餐廳後，在聯合廣場碰到丹尼・梅爾，順便聊了幾句。雖然我們不是很熟，但我在塔布拉工作時，和他的關係還不錯。

丹尼是我崇拜的人，所以我想跟他保持聯繫。一、兩天後，我寫了一封電子郵件給他，說明我離開塔布拉後這一年來的發展，包括我在會計與採購部門學到的一切。

第二天，丹尼回信了。他告訴我一個祕密：他已經和即將整修完成的現代藝術博物館（Museum of Modern Art，縮寫為 MoMA）簽訂餐廳招商合約。他還說：「我會再找時間跟你詳談。」

那時是二〇〇四年，紐約現代藝術博物館在歷時兩年、耗費四億五千萬美元的翻新與擴建工程後，即將重新開館。丹尼會在博物館一樓開設一間引人注目、高檔的精緻餐飲餐廳，名為現代餐廳（the Modern），顧客可以一邊用餐一邊把傳奇的現代藝術博物館的雕塑花園（Sculpture Garden）收入眼簾。主廚是來自阿爾薩斯的新星嘉布里耶・克洛泰爾（Gabriel Kreuther），《美食與美酒》雜誌（*Food & Wine*）在二〇〇三年將他評選為最優秀的新主廚之一。這間餐廳的用餐區呈現沉靜的現代風格，美得教人屏息；靠近街道的酒吧室（Bar Room）設計則比較隨性，顧客可以坐在狹長的豪華吧檯享用小盤料理、啜飲雞尾酒。

現代餐廳無疑將成為今年最熱門、最令人期待的新餐廳，但這並不是我最感興趣的地方。我收到丹尼的回信時，第一個念頭是：哇，他們將負責整個博物館的餐飲服務。試想他們的損益表會有多亮眼！

我們見面時，丹尼提出的邀請正是我想做的事：博物館的休閒餐飲部門總經理。我負責管理的範圍包括兩間咖啡廳，來博物館參觀的人可以在這裡買一份沙拉當午餐或是喝杯咖啡提神；一間員工餐廳；以及一個專門為內部會議與小型聚會提供外燴餐飲的團隊。換句話說，除了樓下提供精緻餐飲的高檔餐廳，所有的餐飲服務都將由我負責。

太棒了！我在餐廳協會的工作經歷很寶貴，我的成功大抵源於在那裡打下的基礎。我大可留在協會，創出一番事業，但是丹尼給我一個真正獨特、尤其適合我的機會：讓我知道自己是否能把經營企業的智慧用在最頂尖的餐廳上。

在控制與創意之間找到平衡點

我愛現代藝術博物館。

在博物館整修期間，工作人員都搬到長島（Long Island）的中繼設施工作，因此在這間新完工的博物館裡，我是第一個擁有辦公室的員工。在這個空蕩蕩的建築，看著最後的裝潢、管線、擺設逐一完成，真是終極的幕後體驗。在最初幾週，我每天早上都會經過莫內（Monet）的曠世巨作《睡蓮》（*Water Lilies*）。這幅畫靠牆擺放，就像我大學宿舍裡的珍珠果醬樂團裱框海報，一直擺在地上，沒有好好掛在牆壁上。

我在現代藝術博物館的第一間辦公室在五樓。那裡很寬敞，也許有八百平方英尺（約二十二坪），還可以俯瞰下方的雕塑花園。先別太過興奮，我會在那裡辦公，只是因為他們正從上到下裝修每一個樓層。等博物館工作人員回來，我就像電影《上班一條蟲》（*Office Space*）裡的角色米爾頓（Milton），一層一層往下搬，最後被擠到地下二樓。由此可見，休閒餐飲對這個博物館的重要性——至少我負責的休閒餐飲部門是如此。

公司也是這樣看待我的部門。聯合廣場餐飲集團的每一個人都把目光放在現代餐廳與酒吧室。這兩個地方一開幕就爆紅，立即獲得評論家的青睞，也受到大眾的喜愛。

相較之下，博物館的咖啡廳卻像是聯合廣場餐飲集團的紅髮繼子，因此受到冷落。不過，我覺得這樣正好，我們低調、不引人注目，可以享受充分的自由，揮灑創意。我立即著手落實我的願景：讓現代藝術博物館這兩間咖啡館兼具企業管理的智慧以及餐廳經營的靈活。但是，我幾乎立刻發現到，這樣做就像是走鋼索，非常、非常難。

我做的每一個決定似乎都暴露出自然的矛盾：改善顧客體驗的品質以及執行對企業最有利的事務往往會發生衝突。餐廳經營意味著放手，用信任領導，讓部屬自行判斷什麼才是最好的顧客服務；但是企業經營則必須緊迫盯人、錙銖必較。哪一種做法才對？

類似的例子多如牛毛。比方說，我們的食材成本很高，主要是因為浪費食材所造成。每一天，只要在營業時間內，我們就會把鮮食櫃裝滿，這表示我們每一天打烊後都得丟棄大量食物。要解決這個問題，最顯而易見的方法就是接近打烊時間就不要再補充鮮食即可。不過，一想到比較晚上門的顧客只能吃剩下的三明治或沙拉，就讓我不太開心。

如果是哈尼，他可能會把主廚梅格・葛雷思（Meg Grace）找來，告訴她應該改用火腿，而不是用義式風乾生火腿。但是我不會這樣對待梅格，我們也不希望這樣對待顧客。

我和梅格找到我們都能接受的折衷方案：她可以繼續使用昂貴的食材，而我們在打烊的前一個小時左右就不再補充鮮食；不過，最後一小時才進門的顧客可以看菜單點餐，所有三明治與沙拉都現點現做。如此一來，從減少報廢食材所省下的錢，還遠超過額外多出來的人力成本。

即使這不是完美的解決辦法，依然是往正確方向邁出的一步。我的確懷念品項豐富、井然有序的鮮食櫃，但這次的經驗告訴我，要在企業經營與餐廳經營之間取得真正平衡，創意是最主要的因素。

九五／五法則

現代藝術博物館的雕塑花園是紐約一個獨特的空間。這座花園是在一九三九年設立，一九六三年由菲利普・約翰遜（Philip Johnson）重新設計；四季酒店也是他所設計。菲利普把這個空間定義為「沒有屋頂的展覽室」，這是一個不斷變化的室外畫廊，以嶄新的方式使自然和建築與藝術相結合。巨大的雕塑放置在優雅、不對稱、鋪設大理石的區域上，鳥兒在園圃裡高歌，彷彿不知道自己身在曼哈頓中城。

在這個城市，這樣的空間可說絕無僅有。

我在現代藝術博物館工作大約一年後，開始想做一點改變。我懷念博物館剛開幕的那股能量，把新的構想變成現實真是一件神奇的事，我很想再次獲得這種體驗。

於是，我像著了魔般，一心一意想為雕塑花園設計一台義式冰淇淋推車。這台推車將和亨利・摩爾（Henry Moore）、巴勃羅・畢卡索（Pablo Picasso）與亨利・馬蒂斯（Henri Matisse）的作品擺放在同一個空間，更別提里查・塞拉（Richard Serra）等當代藝術家的作品也會輪流在此展出。這台冰淇淋推車必須完美無瑕。

我得找到合適的搭檔，所以我找上另一個無可救藥的完美主義者：義式冰淇淋實驗室（il laboratorio del gelato）的老闆喬恩・史奈德（Jon Snyder）。他的店在紐約下東區，使用頂級的天然材料小批生產出香濃可口的世界級冰淇淋。

喬恩馬上抓住機會，成為現代藝術博物館雕塑花園的官方授權冰淇淋販售商。由於這個機會難得、必然會引人關注，所以我說服他支付推車的製造費用，並以較低廉的價格販賣冰淇淋；他店裡的冰淇淋可不便宜。（由於冰淇淋的銷量可觀，他還是可以賺不少。）

為了這項計畫，我們全力以赴。然而，喬恩實在是個非常危險的「共犯」。例如，他在義大利找到一間製造精美藍色小湯匙的公司。一根塑膠小湯匙有什麼了不起？我跟你說，他們把這根小湯匙做成船槳的形狀，設計得非常精緻，而且獨一無二。不過，這支小湯匙就是貴，貴得令人瞠目結舌，貴得令人心痛。

但是，我一定要這些小湯匙。只有這樣的小湯匙才配得上我們的雕塑花園，其他的都不行。

我主管第一次看到這根小湯匙，眼睛馬上瞇起來，問道這東西要多少錢。我報價後，她的眼睛已瞇成一條線：「我們之後得討論這件事。」一個月後，冰淇淋推車的第一份損益表出爐，我們一起坐下來看。她再也沒提過這根小湯匙。

我積極管控九五％的預算，善用現代藝術博物館的名聲，以極低廉的價格引進品質優良的義式冰淇淋，還免費獲得一台漂亮的冰淇淋推車，因此可以任性的花錢買這些小湯匙。我相信這項小細節能夠讓人對冰淇淋推車有截然不同的體驗。

這就是我後來所說的九五／五法則：**對事業中的九五%必須錙銖必較，剩下的五%就可以「傻傻花下去」。**這聽起來似乎很不負責任；其實，一點也不會。因為這最後的五%會對顧客體驗產生巨大的影響，可以說是最聰明的投資。

一天下午，我看到博物館館長葛倫・羅瑞（Glenn Lowry）的行動，更讓我確信這項法則。他請一群來參訪的館長吃冰淇淋，而每一個人都不由自主欣賞手中的小湯匙。我想，他們當中有些人甚至會再買第二份，只因為他們太喜歡這支小湯匙。

九五／五法則後來成為我在麥迪遜公園11號的其中一項核心經營原則。提供精緻餐飲的高檔餐廳通常會有餐酒搭配的服務，也就是為品嘗套餐（tasting menu）中每一道料理提供搭配的葡萄酒。*當然，餐酒搭配也和其他服務一樣，我們可以花費的預算有限。一般來說，餐廳通常會把預算平均分配在所有葡萄酒上；我則反而要求侍酒師為大多數料理挑選價格稍低的葡萄酒（其實，這些酒並不遜色，因為我們的飲務總監非常專業，酒窖裡的美酒更是琳瑯滿目）。於是，最後我們就可把多出來的預算花在一支獨特、稀有且較昂貴的葡萄酒上。

---

* 譯注：品嘗套餐是由主廚挑選餐廳特色料理，以小分量、多道菜餚的方式提供給顧客品嘗。

如果你愛喝葡萄酒，來一杯特級園勃艮地（Grand Cru Burgundy）必然會讓你雀躍不已。但一般餐酒搭配，幾乎喝不到這麼好的酒——想像一下我們端出特級園勃艮地的時候，顧客會有多興奮！九五／五法則使我們能在餐酒搭配時為顧客帶來驚喜與歡樂，成為他們畢生難忘的經驗。

九五／五法則也延伸到我們管理員工開支的方式。處理人事問題時，我永遠記得在哈尼的辦公室學到的經驗，所以我們會盡力減少員工流失與加班的狀況。但是，每年總有幾次，為了團隊的美好體驗，我會不惜花費重金。舉例來說，我們會全體公休一天，舉辦員工旅遊，凝聚團隊精神，或是雇用DJ、買幾箱香檳王（Dom Pérignon），讓員工開派對狂歡；我們的派對在業界可是赫赫有名。九五／五法則可以確保我們不會超過預算，偶爾奢侈一下也無妨，畢竟我們在一年絕大部分的時間都嚴守紀律。

在麥迪遜公園11號，由於我們執著於超乎常理的款待精神，那五%的效果變得更好了。我最得意的一個例子是，有一個西班牙四口家庭來紐約度假，旅途最後一晚到我們餐廳用餐。他們家的孩子坐在桌邊眼睛閃爍著興奮的光芒，因為發生了一件神奇的事：餐廳偌大的窗戶外大雪紛飛，而這兩個孩子從來沒看過真的雪。

我一時興起，派人去買了四個全新的雪橇。等他們吃完飯，我安排專人開休旅車送他們到中央公園（Central Park）來一場特別的旅程：在剛落下的雪堆裡玩上幾個小時。雖然那五％的錢被「傻傻的花掉了」（而我們真的費盡心思才花掉它），卻能為顧客創造最特別的回憶。

這項法則正是讓我成功的重要因素。我會選擇這麼做，脈絡可以追溯到我在餐廳協會地下室與後勤辦公室接受的驚人訓練。一如往常，聽爸爸的話，果然是對的。幸好他鼓勵我冒險一試。

我在現代藝術博物館的經驗告訴我，管理企業與經營餐廳的智慧可以兼容並蓄。如此一來，團隊獲得授權，顧客也很開心，我們的事業很精實、優秀，又能獲利。

後來，丹尼再次說要找我談談。

第六章

建立真正的夥伴關係

好萊塢的每一個人都在史帕哥餐廳吃過午餐。名廚沃夫岡・帕克是餐廳界的帝王，而史帕哥就是他王冠上的寶石。帕克推廣加州風飲食美學，為美國餐飲帶來革命性的新風貌。

上大學前的暑假，我在史帕哥餐廳當雜務服務生。其實，我只是半個雜務服務生。這間餐廳是一部運作順暢的機器，所有雜務服務生動作無比迅速、乾淨俐落、效率高超。我根本不可能跟上他們的步調，所以我的服務區域只有他們的一半；每一名雜務服務生負責十四張桌子，我只服務七張桌子。而且，我只要做一半的雜事，像是擦玻璃杯、折疊餐巾等協助餐廳順利營運的幕後工作，所以也只拿到一半的小費。

這份工作是我爸利用關係為我爭取到的，因此同事會作弄我、對我翻白眼，不過我還是很興奮，工作賣力，最後所有人都把我當作年幼的兄弟看待。

然後，某天下午，在繁忙的午餐時段，我走到用餐區裡存放乾淨銀器、餐巾與盤子的櫥櫃前。由於櫥櫃已經塞滿，麵包盤與奶油盤堆得很高，岌岌可危的靠在門上，所以我一打開門，那些盤子就滑下來，在地上摔得粉碎。

盤子摔碎的響聲震耳欲聾，原本喧鬧的餐廳頓時陷入寂靜。還有幾個人拍拍手。我造成巨大的聲響、損失、混亂以及錯誤，別人用不著對我發火，我已經嚇壞了。

然而，廚房的門猛然打開，行政主廚衝出來，大聲嘶吼。他當著所有人的面，包括我的同事與所有顧客，大肆評判我笨手笨腳的行為。

日後，我在處理團隊成員的錯誤時，那一天的羞愧與憤怒總會重回我的肩頭。我永遠忘不了，領導者的表達方式可以帶來多大的影響，不管那是好的或壞的影響。那位行政主廚要傳達的訊息非常明確：他不尊重我，也不尊重其他在用餐區工作的人員。在他眼裡，精緻餐飲是指料理本身，是他在廚房創造出來的魔法，我們只是端盤子的人。

我認為這種想法很糟。

我和我爸在四季酒店吃到的鴨肉非常美味，但那道料理和氛圍大有關係，像是宏偉典雅的裝潢設計、藝術品、燈光、花藝、桌布、銀器、工作人員筆挺的制服，以及這間餐廳的工作團隊讓十二歲的我覺得自己是最重要的貴客。這種組合創造出一種魔幻的氣氛；料理也是魔法的一部分，但不是全部。

在二十世紀，去高級餐廳吃飯的人，大抵是去見世面，同時也想被大人物看見；主廚的名字不在菜單上。但從一九八〇年代開始，隨著名廚的出現，餐廳的重心也就盪向廚房。儘管顧客可以吃到比以前更好的料理，受到的款待卻大打折扣。我個人不喜歡吃全熟的牛排，但如果你執意要點，我們會捍衛你的選擇，也不會對你露出輕蔑的冷笑——不過，在某些地方，有些廚師會斷然拒絕提供全熟的牛排。

我喜歡餐廳，希望和能夠好好款待顧客的團隊一起工作。但我想頂尖、提供精緻餐飲的高檔餐廳不適合我，我也坦然接受這個事實。

因此，我和丹尼見面時，他問我是否有興趣擔任麥迪遜公園11號的總經理，我一時語塞，不知道該怎麼回答。

別輕易說絕不

麥迪遜公園11號跟我先前工作的塔布拉餐廳在同一棟大樓，但這兩間餐廳有著天壤之別。

這棟具有裝飾藝術風格的地標建築是大都會人壽公司（Metropolitan Life Insurance Company）的總部。如果按照原定計畫興建，這將是全世界最高的摩天大樓。但這棟大樓在一九二九年動土，不久就遭受大蕭條的重創，原本要蓋一百多層樓，最後只建了三十層樓。因此，一樓的大廳，也就是我們餐廳座落之處，才會如此宏偉——畢竟這棟建築本該有三倍高。

在塔布拉，垂直的空間分成上下兩層樓，而麥迪遜公園11號則是為了展現影響力而設計，天花板高聳明亮。

我總是會用這個詞來描述麥迪遜公園11號：大器。另一個說法是：第一次走進這裡，會驚訝到下巴快掉下來。

那樣的空間令人震懾——天花板挑高三十五英尺（約十公尺）、在眼前不斷延伸的水磨石地板，以及高達兩層樓的巨大落地窗眺望對街的麥迪遜廣場公園。一踏進餐廳，就彷彿身在過去紐約的時光切片之中，強烈感受到那個時代的活力與精神。那個空間無法在現今的時代複製，那個時空永遠不可能再次建造出來。

丹尼的麥迪遜公園11號是一間成功的餐館，也就是那種人聲鼎沸、氣氛歡樂的法式餐館，你知道自己點的馬丁尼會冰鎮沁涼，而牛排配炸薯條則教人垂涎三尺。丹尼為餐廳訂購了黑色真皮軟墊長椅，並委託藝術家史蒂芬・漢諾克（Stephen Hannock）繪了一幅巨大的畫作，掛在後面的牆面上。兩個用餐區也擺放巨大的花藝作品。服務生端著古典、堅實、紅邊裝飾的盤子在其間穿梭，盤中有牛肋排等標準法式料理。

大家都喜愛這個版本的麥迪遜公園11號，但丹尼總感覺心煩意亂，這間餐廳和他想要達成的目標有出入。顧客也感覺到這一點。他們會訂位，來這裡慶祝重要的週年紀念日與生日；他們會帶戒指來，在這裡求婚。當時的麥迪遜公園11號並不是適合慶祝特殊日子的餐廳，因此顧客的行動有點奇怪；然而，這間餐廳卻讓人「覺得」可以在這裡慶祝特殊的場合。餐廳內豪華典雅的裝潢以及戲劇性的氛圍似乎要你盛裝前來，慶祝某個重要場合，而不是點漢堡來吃。

麥迪遜公園11號在一九九八年開幕時，拿到《紐約時報》二星評價。到了二〇〇六年，仍然只有二星，丹尼於是下定決心要解決長久以來困擾他的問題，便請合夥人理查・柯蘭走訪全國，尋找能提升麥迪遜公園11號料理水準的主廚，讓料理和這古典宏偉的餐廳相得益彰。

當時丹尼爾・胡穆只有二十九歲，但他從十四歲開始就在瑞士的高級飯店與餐廳磨練廚藝，年僅二十四歲就摘下第一顆米其林星星。後來，他到舊金山的坎普頓廣場餐廳（Campton Place）任職，並獲得《舊金山紀事報》（*San Francisco Chronicle*）給予的四星評價，盛讚他用當代手法演繹著重技術的歐式料理。

據說，理查在坎普頓廣場用餐，吃到一半就等不及走到外頭打電話給丹尼：「我想，我已經找到我們要的人了。」

丹尼爾來了之後，麥迪遜公園11號隨即脫胎換骨，這表示料理很棒，而且愈來愈好。然而，整間餐廳的運作大有問題。總經理是從另一個餐飲集團挖角來的人才，可是他的行事作風和原來的員工、新主廚或是聯合廣場餐飲集團的企業文化都格格不入。因此，幾個月後，丹尼爾跟丹尼說，他認為餐廳需要一位新的總經理。

丹尼同意了，唯一的條件是人選必須來自集團內部。

丹尼爾說：「好，那你覺得威爾如何？」

當時，我和丹尼爾還不熟，但我們集團的總經理與主廚每週都會在公司會議室圍著一張大桌子開會。在每次開會的最後環節，每一個人都會分享自己有興趣的小專案。我是與會者當中最年輕的人，每次都熱情洋溢述說我們在現代藝術博物館做的一切：「各位，我們的霧黑色邦恩（BUNN）咖啡機實在太正點了！」「我正在籌畫公司內部的最佳咖啡師競賽。派人來參賽吧。我已經說服一間咖啡公司贊助我們，獲勝的隊伍可以免費去義大利旅遊！」「你們一定得聽我說說這台義式冰淇淋推車——說真的，你們可曾見過這麼完美的藍色小湯匙？」

丹尼爾也許討厭我這樣喋喋不休，但他感受到我的熱情，因此認為我也許是接手這項任務的好人選。

所以，當時丹尼的邀約讓我非常意外，也並沒有為此雀躍。我對提供精緻餐飲的高檔餐廳仍有疑慮，他卻說要把我調離現職，到集團旗下另一間餐廳實踐他的願景，讓那間餐廳成為精緻餐飲中的佼佼者？

我得打個電話給我爸。

「我不知道該怎麼做，」我告訴他：「不論餐廳主廚有多偉大，我都不想為這樣的人工作。我和對方必須維持夥伴關係，如果他不尊重我們在外場做的事，我就不能跟他一起工作。」

我爸總是告訴我，**奔赴所願，而非遠離已所不欲**。所以，他直接問我：「你夢想的工作是什麼？」

我早就有了答案。「我想去Shake Shack。」

當時，Shake Shack只有一間店，但我對它深深著迷。我很愛這間店的概念與食物：招牌牛肉起司堡、起司薯條配上融化的起司，再來杯可樂。至今，我仍然很愛Shake Shack。

我爸說道：「你喜歡在聯合廣場餐飲集團工作吧。你想和這間公司一起成長嗎？」

我回答，是的。

「那麼，如果你希望他們在你需要他們的時候支持你，你就得在他們需要你的時候出力。」

我回去找丹尼，向他提議：「我願意擔任麥迪遜公園11號的總經理，但只做一年——一年後，請讓我去Shake Shack。」

丹尼同意了。

一起做決定

下一步就是我和丹尼爾談。我緊張得要死。我一向對精緻餐飲敬而遠之，因為主廚的權力至高無上。我的經驗和許多人都一樣：在那個世界裡，內外場本來就涇渭分明。儘管我們屬於同一個團隊，然而通常感覺彼此不在同一國。我們似乎總是陷入拉鋸戰，想要爭個你死我活——在精緻餐飲的高檔餐廳中，總是主廚得勝。如果我要去麥迪遜公園11號，就得知道丹尼爾是否願意用全新的方式來看待我們的夥伴關係。

我們約在克里斯波（Crispo）見面，這是一間位在第十四街、熱鬧的義大利餐廳，結果發現我們兩人都喜愛義大利麵與巴羅洛（Barolo）葡萄酒。我們還有一些共通點，像是我十四歲就開始在餐廳工作，他也是；而且，我們兩人都是完美主義者，對自己做的事充滿熱情，抱持雄心壯志。

我們之間也有巨大的差異。丹尼爾來自歐洲，一直在極為經典的米其林三星餐廳工作；我則在餐廳協會的冷藏庫盤點庫存，並在丹尼・梅爾旗下學習更暖心、讓人放鬆的款待方式。因此，我們用完全不同的角度看世界，特別是餐旅業的世界。不過到最後，我們發覺彼此的差異正好可以彌補對方的不足。

我們後來在克里斯波隔兩間的多明尼加酒吧續攤，暢飲啤酒，直至深夜。我甚至向丹尼爾吐實，說明為何精緻餐飲的概念讓我不自在。

「我喜歡款待，」我告訴他。「我想讓人開心。我不想窮盡一生說服你，讓你相信我做的事和你做的事一樣重要。要是沒有建立起夥伴關係，如果你認為內場才是主角，外場只是跑龍套，那我真的不想走上這條路。」

內外場應該有更多開放的溝通，這一點丹尼爾表示同意。他在歐洲的一間餐廳工作時，內場人員甚至不能踏進用餐區一步。還有一間餐廳則用有機玻璃隔離內外場的出餐區（廚房裡裝盤、擺盤的區域），只留一個小小的出餐口，服務生無法跟廚房人員說話，得透過紙條溝通。

這實在很可惜。在餐點送到桌子上那一刻，顧客的表情亮起來、充滿期待與讚賞，卻只有外場服務人員看得到；內場同樣看不到顧客吃下完美的第一口後，為之驚豔不已的神情。主廚不應該透過洗碗區餐盤剩下來的菜肴來推測顧客是否喜歡他們的餐點。

那一夜，我和丹尼爾道別時，兩人都有點酒醉。但我們一起做出決定，麥迪遜公園11號日後的發展軌跡大致底定：這間餐廳將會內外場並重，雙方人馬合作無間。

如果是主廚當家的餐廳，會以料理為最高指導原則，但如果一切由餐廳經理發號施令，就會秉持服務至上的信念來行事。我們同意，如果我們要一起做決定，就得考量怎麼做對整間餐廳最有利。

第七章

設定期望值

「成為下一代人的四星級餐廳。」這是我們在麥迪遜公園11號的第一個使命宣言，也是我和丹尼爾最初一起去那間多明尼加酒吧喝啤酒時自然而然蹦出的想法。之後，不知有多少個深夜，我們也不斷談到這個目標。

當時，紐約精緻餐飲的高檔餐廳市場正在洗牌。許多老派、經典、桌布潔白無瑕的餐廳，像盧泰斯（Lutèce）、拉卡拉維爾（La Caravelle）等已永久停業。尤其年輕人特別不想在那種嚴肅正經的地方用餐。

有些高檔餐廳正在蓬勃發展，但即使是我們喜愛的米其林餐廳，例如尚・喬治餐廳（Jean-Georges）、丹尼爾餐廳、本質餐廳，以及勒柏納汀餐廳（Le Bernardin）的老闆與經營者都比我們大二十多歲。雖然這些餐廳有一群死忠的常客，只能說他們是餐飲界的中堅，而非前鋒。儘管深受喜愛，並非獨領風騷的話題餐廳。

而我與丹尼爾都只有二十幾歲，我們這個年齡的人對離經叛道、隨興灑脫最感興趣。像是巴波餐廳（Babbo）的義大利麵就棒透了——店裡還大聲播放搖滾樂團齊柏林飛船（Led Zeppelin）的第四張專輯《Led Zeppelin IV》，讓你一邊聽，一邊吃。如果你走進包吧（Ssäm Bar），進門就會先看到一張等身大的照片，捕捉了網球好手約翰・麥肯羅（John McEnroe）打球的英姿，而這張照片是店裡唯一的裝飾。*梅子餐廳（Prune）的用餐區大小約莫和紐約公寓的臥室差不多，開放式的廚房近在咫尺，廚房人員只要伸出手就可以越過出餐區域，把一碗橄欖放在你桌上。而全世界調製得最嚴謹又創新的雞尾酒，就在東村（East Village）的一間地下酒吧；你得先走進熱狗店，穿過店裡的電話亭才能找到。

這些餐廳為之後幾年的發展鋪好了路，像是中國任務餐館（Mission Chinese）裡的宮保燻牛肉，或是羅貝塔披薩店（Roberta's）的起司耶穌派；羅貝塔披薩店位在布希維克區（Bushwick），本來是倉庫，店裡幾乎沒有裝潢，仍保留原有的混凝土地板，以及店面外牆滿滿的塗鴉。你可以在這些餐廳吃到全美國最棒的食物，也改變美國的餐飲文化。這些老闆把錢花在食材上，而不是珍貴的玻璃器皿上，他們雇用的服務生可能身上有打洞穿環與刺青，而非身穿燕尾服的法國人。

儘管這些餐廳的東西極其美味，卻很難讓人感到賓至如歸。像是桃福（Momofuku）

* 譯注：包吧是韓裔美籍名廚張錫鎬（David Chang）開的餐飲品牌桃福（Momofuku）旗下一間餐廳，供應韓式菜包肉、刈包等亞洲風料理。Ssäm 在韓語中指的是在生菜、紫菜或白菜葉上放肉、小菜、白飯等，再包裹起來食用的料理。

韓式菜包肉裡用的豬肩肉要烤好幾個小時，吃的時候會用生菜把切碎的豬肉和生蠔包起來再放到嘴裡——這無疑是紐約終極美食。但是，這間餐廳不接受訂位，內部空間又不大，顧客不能在裡面等。因此，如果你想嘗嘗那烤得焦香的豬肉，即使是二月寒冬，也只能站在外頭等上一小時——終於輪到你入座的時候，也只能坐在膠合板木凳上，沒坐墊、也沒靠背。

我和丹尼爾心目中的精緻餐飲高檔餐廳是像這樣：可以開開心心用餐，不必擔心沒有正襟危坐就會被大人訓斥。而且，我們絲毫不想減損優秀服務呈現的非凡優雅與光榮傳統，因為這正是精緻餐飲讓人難忘的特別體驗。我們希望麥迪遜公園11號能保留經典四星餐廳的水準，給顧客無微不至的貼心款待，更不用說還要既卓越又奢華，除此之外，還能融入驚喜與喜悅，提供更輕鬆自在的「有趣」用餐經驗。

我們希望高級餐飲變酷。

不管如何，這是我們的夢想。現實是，我們還有很長一段路要走。

眼觀四處，耳聽八方

在你第一天就職之前，絕不該浪費任何蒐集情報的機會。

幸好，我在麥迪遜公園11號已經有一支王牌先遣部隊。山姆・利普（Sam Lipp）熱情洋溢，最熱衷於使人快樂。他和蘿拉・韋格史塔夫（Laura Wagstaff）都是我在現代藝術博物館共事的最優秀經理人，幾個月前兩人已先去麥迪遜公園11號上班。在我就職前，我找蘿拉出去喝點小酒。

蘿拉很能幹，不管做什麼都使命必達。她也是解決問題的高手，總是力挺部屬。所以，她能在我身邊，跟我說悄悄話，我覺得無比開心。她會告訴我，某位員工需要一點TLC，也就是溫暖（tender）、愛心（loving）與關懷（care）；會提醒我別太緊繃；或是對我直言，指明我把注意力放錯地方了。她會拍拍我的肩膀，跟我說：「嘿，這裡需要稍稍調整一下」，或是：「你得冷靜一點。」（如果這樣說還不夠清楚，我想表達的是：每位領導者都需要一個像蘿拉那樣的人，在你沒有拿出自己最好的表現時直言不諱。）

蘿拉還有其他特質嗎？那就是她從不抱怨，從來不會。因此，她對著桌上的雞尾酒搖搖頭，告訴我麥迪遜公園11號不太妙，我就知道狀況真的很糟。

或者，正如她說的：「糟糕透頂。」

她告訴我的第一個問題是，那裡的人形成兩個派系。

一個是守舊派，都是在那裡工作多年的服務生與經理。麥迪遜公園11號早期只是一間二星餐館，但總是很熱門、忙碌，有大量忠實的常客，意思是服務生的收入不錯。服務風格和食物相配，既友善又輕鬆，不必講究精準或細膩。

另一派則是精緻餐飲派，這一派的經理都是跟著丹尼爾一起來的。他們來自全國各地的知名餐廳，知道麥迪遜公園11號日後將不同凡響。遺憾的是，他們無法讓老員工適應他們的風格，也無法幫不適合留下來的人另謀他職。他們希望所有人都能照他們的方式做事，也認為自己的做法才「正確」，而且經常會激怒達不到他們標準的人。

所以，那些在餐廳工作多年的資深服務生與經理，向來為自己打造的一切感到自豪，現在卻感到惶惶不安、不被尊重；而新團隊則因為餐廳在追求卓越上沒有進展而沮喪不已。

簡而言之，每一個人都憤憤不平。

除此之外，由於管理雜亂無章、莫衷一是，內部人員的磨擦更加嚴重。餐廳裡有很多項標準，卻沒有一套真正的系統來溝通，因此導致很多矛盾與衝突。

我在那裡的第一週，眼睜睜看到一位經理糾正一名服務生，說他端托盤的方式不對。這個可憐的傢伙重新上陣，走不到十步，另一位經理就叫住他，說他原來端托盤的方式才是對的。好吧，這只是一樁小事——但是，如果那幾位經理就連怎麼端盤子都沒有共識，也不能好好溝通並指導服務生，如何談論更大的願景？

還有，多年來幾乎一成不變的菜單現在一天到晚在變。許多食材的供應商都很特別，還是新廠商，而且為了吃丹尼爾的料理慕名而來的顧客群，確實會想知道盤子裡的山羊乾酪來自上州的哪間農場，那裡的小山羊在春天又吃了哪個山坡的青草。新資訊的分量驚人，更是排山倒海而來，包括一張一直在變、長得不得了的酒單，沒有人能吸收這麼多東西，更別說才剛拿到新資訊不到二十分鐘，就要轉達給顧客、還要讓他們興奮期待。

此外，餐廳的座位數量和過去提供牛排與薯條時相同。即使是管理得最好的餐廳，在週六晚上的黃金時段自然也會鬧烘烘，這正是餐廳工作的一項樂趣。然而，沒有任何四星級餐廳會提供高達一百四十個座位——根本不可能以餐館的規模來提供頂級的料理與服務。

因此，基本服務（也就是黑白的部分）不若以往。訂位的顧客準時抵達仍久久無法入座，即使終於坐到餐桌前，餐點又遲遲不來。在瘋狂忙亂的夜裡，整間餐廳都擠滿失去耐心的顧客。

有一個週末，我們接下的訂位總數遠超過餐廳與廚房的負荷，內場工作人員在工作檯擠成一團，一邊哼唱槍與玫瑰（Guns N' Roses）的〈歡迎來到叢林〉（Welcome to the Jungle）。我們應該給顧客優雅、親切的用餐體驗，但一位負責用餐區的經理轉向蘿拉，直截了當的說：「這樣不如在連鎖的丹尼餐廳（Danny's）工作。」

但這畢竟是丹尼・梅爾的新餐廳，團隊很快就端出免費香檳來招待，並不斷致歉表達讓他們久等了。然而，免費招待的香檳畢竟有限。顧客會來新的麥迪遜公園11號用餐，不是因為喜愛丹尼・梅爾旗下的餐廳，就是被丹尼爾的名聲吸引而來。不論原因為何，他們離開時都大失所望。這不是一間讓人開心的餐廳，甚至把人氣飽了。

把團隊帶起來

強大的企業文化有一項優勢很有意思，但可能會被忽視：如果組織裡冒出新主管，不管做什麼都會感到格格不入。

這就是我第一天上班的感想：覺得一切都不對勁。現在回想起來，我可以說出每一個有問題的地方，告訴你我做了什麼來矯正。在被美化的英雄故事中，我擺出大師的架勢，列舉一些鼓舞人心的管理準則，然後餐廳一週之內就改頭換面。

但是，實際上的狀況是，丹尼的行事之道，也就是他對待員工與顧客的方式，已經深深融入我的意識，因此頭幾個月，我只是憑直覺行事。

最重要的是，我得把團隊帶起來。團隊需要關注與鼓勵，需要有人設定明確的目標並且解釋清楚為什麼要這麼做。他們需要紀律才能表現一致。在動盪的變革之中，他們必須感覺到自己是重要、不可或缺的一份子，而非達成目標的阻礙。

從管理的角度來看，我們必須回到這個餐飲集團的首要原則：互相照顧。精緻餐飲派的人馬不是來自集團內部，即使他們能吸收這種關鍵、以員工為中心的文化，由於他們一心一意想要對餐廳產生影響力，也就疏忽掉這項核心原則。所以，丹尼才堅持麥迪遜公園11號的新任總經理必須來自集團內部；對他來說，這個文化層面是無可妥協的條件。

要彌合兩派之間的鴻溝，關鍵在於改善雙方的溝通。同時，我們需要建立系統，讓每一個人都知道應該做什麼事以及應該怎麼做。

我希望這兩項方案能讓團隊更有安全感，並激勵他們一起為任務奮鬥。要改善餐廳，還有很多事要做，但如果員工不是樂在工作，不管做什麼都沒有意義。如果我不能贏得員工的心，讓他們為了更大的計畫努力，任何追求卓越的偉大願景將只是空談。

領導者要張開耳朵

我聽說幾年前集團裡有個叫克里斯多福・羅素（Christopher Russell）的人，他在聯合廣場咖啡館就任總經理那天的發言，讓團隊印象深刻。（當時我不在現場，因此只能轉述。）

他說：「來到這裡，我非常興奮。我全心全意相信這間餐廳，也熱愛這個地方。我很清楚自己的工作是什麼，那就是做對餐廳最有利的事，而不是做對任何一個人最有利的事。通常來說，做對餐廳最有利的事也會讓你們得到最大的利益。我想要照顧好所有人，而要做到這點，只有一個方法，那就是始終把餐廳放在第一位。」

我實在太喜歡這段話，他展現出深刻而有自信的領導力——這不但是衝鋒吶喊，也明白告訴團隊，他們可以期待他會成為怎麼樣的領導者。

我深受啟發，因此第一天上任也參考他的說法發表言論。但是，克里斯多福在升任總經理前，已經做了很多年的服務生與經理。他對餐廳的每一個角落瞭如指掌，熟悉每一個人，不只知道他們最愛喝哪一種雞尾酒，甚至知道他們寵物的名字。員工信任他，因此他可以在就任時說那段話。可是，我跟他不同。

關於開始在新組織工作這件事，我得到的最佳建議是：緩慢進入池子裡，別像炮彈式的跳水。我也把這樣的建議告訴跟我同一國的人：不管你多有才華，無論你能有多大的貢獻，在你想要影響組織之前，先給自己時間去了解這個組織。

我在麥迪遜公園11號能有蘿拉與山姆這樣的心腹與耳目，實在再幸運不過。然而，除了他們提過的一些事，我真的一無所知。因此，雖然我到職第一天就很想發表一番振奮人心的談話，講述麥迪遜公園11號的發展方向，我還是必須先了解這間餐廳的現況。

進入一個新環境的時候，最難的一件事就是每個人講的都不一樣。你必須先和每個人打好關係，然後坦然接受你勢必得花點時間，才能判斷那位經理真的是個大爛人，或者只是抱怨他的人和他的主張不一樣。**你不一定要認同自己聽到的一切，但必須得先張**

開耳朵、用心聆聽。

我在麥迪遜公園11號最初幾個月，發現大家都互相指責、抱怨連連。我從來沒遇過這種情況，每一個人說的既是對的、也是錯的。有些守舊派很會做樣子，敷衍了事。所以，這也難怪他們當中有很多人都認為，新來的人應該放輕鬆一點。

誰對誰錯並不重要，重點是大家不能有效溝通。第一線的員工都不說話，因為沒有人會和他們說話；他們也不聽別人說話，因為他們覺得沒有人聽自己說什麼。因此，我剛上任那幾週，就把每一個人找來坐著談，傾聽他們的意見。

這本身就是學習，我也因此得知餐廳裡的一些事，否則我可能要花很長的時間才能弄清楚。我也了解到，這些會議值得我花時間。和每一個人坐下來好好談，表明你在意他們的想法與感受，對方就比較容易相信你會為他們的利益著想。

基於這個原因，我後來要求所有主管，在餐廳開店前吃員工餐時，要和大家一起吃，不要老是幾個人窩在一起吃。這樣他們才會像我一樣了解，這頓飯是匯集各種想法與觀點的絕佳機會。如果不和大家打成一片，這些機會與想法只會無端流失。

發掘隱形天才

我爸參加越戰時是排長。他會第一個告訴你，這個排只是一幫烏合之眾。其實，他會當上排長，很可能是因為沒有人想當。

在這個排裡，有一個傢伙叫肯塔基（Kentucky），因為他的老家在肯塔基州。肯塔基很懶，而且是個胖子，手眼協調能力差，射擊時常常瞄不準。我爸說，他不但笨，甚至可能少了根筋。

我爸莫可奈何，只能開始認識這個排的每一個人。他跟肯塔基聊過之後，發現這個小伙子從小到大都生活在南方蠻荒濃密的林區，由於一天到晚在那裡闖盪，他磨練出不可思議的絕佳方向感。也就是說，無論越南的叢林有多黑、枝葉有多茂密、地形有多複雜，肯塔基總是知道怎麼走；我爸與那些油頭滑腦的城市人都是第一次來到叢林，於是和他形成強烈的對比。

本來我爸把他排在隊伍中央，以免擴大受害範圍，知道他的過人之處後，就把他調到最前面帶頭，而他的表現果然非常出色。我爸深入了解團隊成員，有了這種識人之明，就讓排裡最差的人搖身一變成為最強的戰力。

他告訴我，在商業世界，你是自己選擇團隊，就算這團隊本來是由別人帶，但你接手後依然可以決定是否繼續和他們一起工作。然而，在戰場上，你的團隊是由高層指派，你無法開除任何人，再說大多數的人根本就不想上戰場。在越南戰場上，做錯任何決定都可能後果嚴重，不像在餐廳上錯菜，只是一樁小事。

領導者的責任就是發掘團隊成員的長才，無論他們的才華多麼深藏不露。

我和麥迪遜公園11號的新團隊坐下來談時，經常想到這件事。我非常想剔除表現不佳的員工，畢竟我們總得裁掉一些人。但是首先，我必須確定對方不只是表現不合格，也沒有未曾顯露的才華。

易立沙・賽萬提斯（Eliazar Cervantes）的職位是傳菜員，他的主管不斷抱怨，說他漫不經心。這麼說也沒錯，他的確對料理與食材的細節不感興趣。既然他本來就不是特別喜歡巴薩米克醋，自然不會記得巴薩米克醋的陳放年份。

我跟他談過並仔細觀察一陣子之後，發現他有一個別人沒有的長才。他是天生的領導者，很會組織、安排事情。他很容易樹立權威，能夠在整間餐廳快要出軌時，趕緊拉回正軌。要解決他的問題，不是斥責他或是把他解雇，而是給他不同的職務。

易立沙成為內場控菜員，負責告訴廚師什麼時候開始準備餐點，並確保每一道菜能及時、正確送到顧客的桌上。優秀的控菜員知道每一桌點了什麼料理，上一道花多少時間吃完，以及主菜還要多久才會完成。在麥迪遜公園11號這樣的餐廳，他可能必須隨時記住三十桌顧客點的東西。

換句話說，控菜員既是交響樂團指揮，也是飛航管制員，要確保飛機不會在空中相撞。這是餐廳裡最重要的工作，也是最難的工作。

看易立沙做事，就像看一個人在下3D西洋棋。原本他是一個沒有組織頭腦、也沒有機會當領導者的人，一旦調到最合適的位置發揮技巧，他就自然而然展露才華，餐廳的每一個人都看到他的天分。

多年來，他一直是麥迪遜公園11號控菜工作的第一把交椅，也是推動餐廳成功的重要因素。發掘他與團隊其他人的隱藏天賦是非常重要的一步。我們終於漸入佳境。

不帶情緒的批評

有個人和情人鬧翻了，卻不能敞開心扉和對方談論為什麼這段感情走不下去；你應該有這樣的朋友對吧？而且，他甚至表現得像是無藥可救的混蛋，希望對方受不了，主動提分手。從管理的角度來看，在我上任之前，麥迪遜公園11號就有很多類似的事情。

所以，我讓團隊知道，我不怕談難談的事。而且，我願意傾聽，也願意說出來。

我在康乃爾大學上的最有價值的課是西班牙語，其次是Excel入門。此外，一門叫作組織行為學的課程也讓我獲益良多，主要是因為教授要我們讀肯・布蘭查（Ken Blanchard）與史賓賽・強生（Spencer Johnson）合著的《一分鐘經理人》（*The One Minute Manager*）。

直到現在，只要是我拔擢的人，我都會送他們一本《一分鐘經理人》。這本書是很棒的參考資料，特別是關於如何給人回饋的部分。我從中得到最大的收穫如下：**批評的時候要對事不對人。當眾表揚，私下批評。要用感情讚揚，批評則不帶情緒。**

每當部屬表現良好，我一定想辦法激勵他們，盡可能在所有同事的面前稱讚他們。接受讚美會讓人上癮，特別是在同事面前。你會希望這樣的讚美多多益善。

為了能夠一直有機會讚揚、激勵同事，我們設置了「美好獎」（Made Nice Award），由整個管理團隊投票選出內、外場各一名最優秀、而且不管是對顧客或是對同事都表現出色的人。

這是效法麥當勞等餐廳的「每月最佳員工獎」。雖然這些獎項不太受歡迎，畢竟誰喜歡四個月前的獎項資訊，還有俗氣的裱框照片被掛在廁所外面的牆上；儘管如此，能夠定期表揚員工依然有助於提振士氣。

我們把「美好獎」與獲獎員工的照片貼在打卡鐘上方，讓得獎人獲得同事的認可與讚美。我們也致贈一百美元的禮券，讓得獎人帶親友來用餐，讓他們瞧瞧自己在什麼樣的地方工作。

我們不只對讚美設想周到，對批評一樣深思熟慮。我告訴團隊，如果他們認為我們哪些地方可以做得更好，就來找我，不要悶在心裡，直到爆炸。同樣的，我也鼓勵所有主管，一旦發現自己和團隊之間有芥蒂，就要立即解決，免得問題成為沉痾，搞得大家都不好受。

當年輕的主管掌握權力後，特別是我們這一行的主管入行時大都非常年輕，賺的錢也很少，因此想要受到團隊的愛戴。他們一天工作十四個小時，下班還會約同事去小酌，自然希望被視為群體的一份子。

所以，當年輕主管看到服務生穿著皺巴巴的襯衫，為了氣氛和諧，為了顧及那個服務生的顏面，還有為了自己，就會想著算了吧，結果什麼也沒說。沒想到隔天，主管發現那個服務生的襯衫還是皺的。就這樣一天又一天。

到了第二十天，主管終於忍無可忍，認為這些皺褶是衝著自己而來。其實，這名服務生沒燙襯衫只是因為沒有人告訴他襯衫要燙。但是，你心裡會想，這傢伙不燙襯衫就是不把你這個主管放在眼裡、不把這間餐廳當一回事，也不尊重團隊的其他成員。他身上那件皺皺的襯衫已經成為閃爍的霓虹燈，傳遞這樣的信號：這個人根本不關心你正在努力建立的組織。

你的怨恨在發酵，等到你終於和這名服務生攤牌討論襯衫的問題時，就會對人不對事，而且情緒激動。爆雷一下：你們的對話必然會針鋒相對，不歡而散。

在主管會議上，我們討論過如何避免這種情況。只要及早發現，及早處理，把事情說清楚，不要感情用事，很多衝突其實都可以化解。比如說，第一天看到那名服務生穿著皺皺的襯衫來上班，就可以把他拉到一邊提醒：「嘿！早啊！很高興見到你。你這件襯衫看起來有點皺，何不先上樓去，用熨斗簡單處理一下，再下來一起吃員工餐？」

每一個主管都會幻想，認為自己帶領的團隊有讀心術，知道自己在想什麼。事實上，你必須明確說出期望。如果你不要求他們按照你設立的標準去做，如何打造一支優秀的團隊？夜長夢多，你必須時時糾正，速戰速決。

不過，記得要在私底下糾正。我仍記得自己在史帕哥闖禍那天，行政主廚從廚房衝出來大聲斥責我，那股羞恥與恐懼從我衣領爬出來，我這一生永遠不會忘記。雖然這樣的經驗極其可怕，卻讓我有幸窺視到自己永遠不想犯這樣的錯誤。

如果在所有人的面前糾正員工，他們永遠不會原諒你。實際上，一道恥辱之牆將因而升起，不管你說什麼，他們都無法吸收。但如果是在私底下糾正，你們的交流就會完全不同。

無論是批評，還是讚美，領導者要做的就是不斷給予團隊回饋意見。但是，領導者應該多多告訴團隊裡的每一個人哪些地方做得很好，而不是哪些地方仍需加強，否則他們就會感到氣餒、失去動力。要是你想批評的地方比可以讚美的地方多，這就是你領導不力——可能是你沒有好好指導部屬，或者你已經試過，但沒有用，這意味他們最好離開團隊。

如果你始終如一的實踐這些規則，你的團隊會很有安全感。對一名領導者來說，最重要也最常被低估的一點是保持一致。如果員工每天都在擔心，不知道主管會用什麼樣的面目對待他們，必然會惶惶不安。因此，如果你是主管，就必須保持穩定，好好控制自己的情緒，不會因為早上跟老婆吵架，一看到服務生襯衫皺巴巴就忍不住大動肝火。

這是最理想的狀態；不過說真的，**你還是不時會搞砸。如果做錯，就道歉吧。**如果你對自己做的事充滿熱情，內在就會湧現一股力量，讓你變得更好。當然，我也曾經氣急敗壞、大失所望，沒有按照教科書上寫的方式去糾正部屬。但是，每一次，我一定會道歉——不是為了回饋的內容道歉，而是為了回饋的方式不當而道歉。

每天三十分鐘就能改變文化

儘管我說了一大堆關於傾聽與學習的道理，其實我本質上是個喜歡系統的人。二〇〇六年的麥迪遜公園11號迫切需要某種系統。

在發動變革時，我會找尋最好的槓桿，企圖以最小的能量傳遞最大的力量。而我發現，任何槓桿都比不上每天利用三十分鐘和團隊成員開會。

大多數餐廳每天都會在開店前開會，也就是所謂的班前例會。主管會利用這段時間介紹新的菜色、新的單點葡萄酒，或是新的服務流程。

但是例會的功能不只如此：**每天三十分鐘的會議可以把所有人凝聚起來，形成一支團隊**。事實上，我堅信，如果每一間牙醫診所、每一間保險公司、每一間搬家公司每天都能聚集團隊召開三十分鐘的例會，顧客服務品質將能大幅提升。

在麥迪遜公園11號，我們把每日例會定調為：會議本身和我們說的話一樣重要，所以每個人都必須出席。每一天我們準時在上午十一點和下午五點開會，會議進行時間剛好三十分鐘。我就任總經理的第一年，從週一到週五，不管是午餐或晚餐時段的例會，我都親自主持。我希望團隊能看到我、知道他們能找到我，也了解我會負起責任，而且始終如一。我會言行一致，說到做到。

以前，這間餐廳的例會只會討論餐盤或酒杯裡的東西。舉例來說，說明主要食材、葡萄酒的年份、搭配的附餐，以及如何在桌邊為顧客倒醬汁等。

這種基本的訊息傳遞非常重要，尤其有很多東西不斷在改變。丹尼・梅爾旗下其他餐廳的主管會在開會前把重點印出來，包括新菜色、新酒單，以及新的合作農場與生產商的資料，讓員工帶回去研究。也許是麥迪遜公園11號改變腳步太快，就沒有這麼做了。

於是，我立即恢復這套做法，把我們希望服務生知道的事情都印出來，不再含糊。菜單與酒單上的介紹文字都由主管親自小心翼翼編寫、檢查拼字，並且在會議前準備好文件發放給大家，服務生聽廚房團隊與飲務總監口頭報告時，可以在上面做筆記。

我上任第一週，為了幫這些例會筆記設計範本，每晚都熬夜。因為我希望筆記看起來漂亮、清楚、有條不紊。這麼做的確超乎常理，但是**你怎麼做一件事，就會怎麼做其他所有事**；我希望這些筆記盡善盡美，就像我們為顧客端上桌的薰衣草蜜汁烤鴨。我希望員工能從筆記中感受到我的款待精神，並了解我不會站在高位要求大家追求卓越，卻不以身作則。

如果每日例會發揮效能，就能為團隊加滿能量，你用不著開口，他們就知道如何提供最好的服務給顧客。

重要的是，你必須透過溝通建立一致的標準，然後一再重複、強調。好主管會確認每一個人都知道自己必須做什麼，也要確保他們都做到了——這是領導上黑與白的部分。但是，領導中很大的一部分在於，花時間告訴團隊為什麼要這樣做，我通常會在例會中解釋。

我講述這間餐廳的精神和我們正在努力建立的文化。我也在這些例會中激勵、鼓舞團隊，提醒他們我們的目標。我們在這短短三十分鐘當中慶祝勝利，即使是小小的勝利也值得一起歡慶，如果有人搞砸，也會在這時候公開認錯。

我們的例會每天都依循相同的流程進行，所以每一個人都知道例會裡要討論什麼。我們從行政庶務開始，像是：週四是修改醫療保險的最後一天，如有任何問題，請打電話給安琪。接下來，我會很快分享近期獲得的靈感，例如我讀到關於另一間餐廳的文章，或是我在其他地方獲得的服務體驗。

靈感無所不在。有一天，我常去的那間理髮店預約都滿了，於是我走進一間典型的紐約理髮店，門外有紅白藍三色旋轉燈，梳子都浸泡在裝滿藍色消毒液的玻璃罐裡。理完髮付錢時，理髮師用粗嘎的嗓音問我：「你要什麼？」

我抬起頭，一頭霧水。他指著三個打酒頭，分別是琴酒、伏特加與威士忌。我咧嘴一笑，說道：「威士忌！」他把酒裝在一個小免洗杯裡遞給我，就像我們在牙醫診所漱口用的那種杯子。

那天傍晚的例會，我講了這個故事。提供這一小杯烈酒是誰想出來的點子？豈不荒誕、莫名其妙、異想天開？慷慨請顧客喝這一小杯酒是為了什麼？是為了製造驚喜、轉移思維，也許只是希望顧客走出門外時帶著一抹微笑。這真是太棒了，我希望團隊能跟我一樣受到啟發。

我們每次的例會都從呼喊與回應開始。我大聲說：「星期三快樂！」他們異口同聲的回應：「星期三快樂！」我最後說：「好好服務吧！」所有的人員依照法國廚房的傳統，齊聲說：「Oui！」（好！）

你聽他們說「Ｏｕｉ！」的語調就知道當天的狀況。那一天，他們精神抖擻，果然表現得很棒。

當工作已經多到應接不暇，每天還要挪出寶貴的三十分鐘來開會，實在不簡單。有時，我堅持開例會，如同要求員工把鐵達尼號甲板上的椅子重新排列。主管也會不客氣的直接告訴我，雜務本來就快做不完了，又要花整整三十分鐘開會，這樣會壓縮員工完成工作的時間。

在我看來，這個問題容易解決。「那就減少一些雜務，騰出時間吧。」為了形成一支團隊，我們必須停下來，深呼吸，相互溝通。如果這代表餐巾折疊的方式沒那麼多花樣，或是得簡化奶油盛盤的方式，就會有時間開會，那麼這是我能接受的折衷方案。對我來說，團隊成員的連結與溝通，要比什麼都來得重要。

成為成功的催化劑

早先，我曾經和一名服務生坐下來談。他很聰明、討人喜歡，足以勝任我們的新任務。但我發現他似乎累得像被榨乾，應付不來。

我問他怎麼了。他把一大疊紙推到我面前——這些都是酒單的相關資料。「我真的不知道該怎麼應對，」他說。我無法責怪他，我自己看到第三頁就昏了。

無法成功的員工往往可分為兩種：一種是不努力的，另一種是很努力的。他們呈現出來的結果可能差不多，但必須採用不同的方法來幫助他們：對那些很努力的人，你必須竭盡所能、不遺餘力的幫助他們。

就像我眼前這名服務生。沒錯，我希望麥迪遜公園11號擁有全世界最好的酒單，也有知識淵博的服務生能為顧客提供最好的建議，但是讓他們栽在繁瑣的資料當中，並無法達到目的。我們設定的期望值太高，所以必須先鞏固基礎，才能向上發展。在加速前進前，必須先放慢速度。

後來，這成為我們的口號。我會提醒團隊：「你很忙，手上有一千件事情要做。但是請在輸入訂單後花十秒檢查一下，如果打錯，不但你自己完蛋，顧客的心情也會被毀掉！你衝得太快，反而會拖慢整間餐廳。」

我們已經踏上追求前進發展的道路，努力提供更細緻、頂尖的服務體驗，無法停下腳步。我們是一支團隊，包括我與丹尼爾，我們對餐廳有很大的期望。如果我們止步，團隊就會覺得我們的動力浪費掉了。

然而，我們已經因為急著做太多事而浪費氣力，必須在轉換到五檔之前重建引擎。

因此，我大幅刪減外場員工需要學習的東西。其實，我自己對我們提供的食物與酒類也並非瞭如指掌。由於我是和團隊一起學習，才比較了解我們必須知道哪些資訊，以及這些資訊有多少，還有我們可以消化的資訊量是多少。

我們最終取得平衡：知道某一座葡萄園有七種微氣候，可以講述釀酒師祖父的故事，還有他在二次大戰法國抵抗運動中做了什麼，以及為什麼會出現那樣神祕謎樣的酒標。顧客都聽得入迷。不過，首先，我們會介紹基本資料：「這是二〇〇五年加州奧邦酒莊（Au Bon Climat）生產的夏多內，在法國橡木桶中釀造陳年。富含礦物質，口感明快，酸度高，適合搭配蘇格蘭鮭魚佐白蘿蔔、青蒜與柑橘。」

於是，每兩週服務生都要接受料理與葡萄酒的知識測驗。守舊派的一些人或許認為這是懲罰，但這麼做他們才能更清楚餐廳提供的東西。現在，我們已經明確的溝通，表明大家必須學會哪些知識，他們自然也就能夠負起責任。

但我第一次接受測驗，就發現考題太難了，簡直難倒人。「沒有人可以通過！我就一定過不了。」這項測驗的目的不是要把人考倒，也不是用來責難他們；而是要讓他們更有信心，知道自己必須學會哪些東西。不管怎麼說，這是主管最重要的責任：**幫助努力向上的人，設法催化他們的成功。**

不久，我終於可以像克里斯多福・羅素那樣對員工喊話。儘管那不是我第一次主持例會，甚至我第三十次主持例會都沒有達成，不過那時我已經確定團隊成員會互相溝通，會跟我交換意見，也知道我對他們的期望。

「我們將成為紐約最好的餐廳，」我告訴團隊。「這並不容易，因為要成為第一，從來就不是件容易的事，但我們會設法把過程變得有趣。如果這不適合你，我完全理解，我們會幫忙找到更適合你的地方。不過，如果在紐約最令人興奮的餐廳工作能讓你充滿光與熱，我希望你留下來，堅持到底，因為我們即將起飛。」

「我保證會始終如一，講求公平、做對的事。」接著，我引用克里斯多福的話：「我也很清楚自己的工作是什麼，那就是做對餐廳最有利的事，而不是做對任何一個人最有利的事。通常來說，做對餐廳最有利的事也會讓你們得到最大的利益。我想要照顧好所有人，而要做到這點，只有一個方法，那就是始終把餐廳放在第一位。」

最後，我用自己的話作結：「我們將打造一間自己會想去用餐的餐廳。我們將為下一代打造四星餐廳。我們將朝向這個目標前進。你會一起來嗎？」

第八章

打破規則，建立團隊

「嗯，威爾，可以和你談談嗎？」

顯然，我做錯了什麼事。那天，餐廳開始營業後不久，我發現有位顧客是塔布拉的常客。能在這裡看到他，真是太好了。因此，我站在他桌邊，熱情的跟他聊了幾分鐘，同時敘敘舊。

幾分鐘後，外場主任找上我；他是精緻餐飲那一派的中堅份子。「你剛剛靠在桌子上？你在跟四十二桌的顧客講話的時候？這是精緻餐飲的禁忌：絕對不能把手放在桌上。我們從來不會這麼做。」我很同情這個人，畢竟對別人大吼大叫已經令人尷尬，尤其對方還是主管。

「怎麼會呢？」我不是想當混蛋，而是真的好奇。

他的腦袋看起來快爆炸了。「這是精緻餐飲的經典原則，服務人員不能碰到餐桌。」

「可是為什麼？」

「我不知道為什麼。就是不可以。我們就是不會這麼做。」

這個時期經常發生這種尷尬的事，這只是其中一樁。但對我來說，這種事具有重要的象徵意義，會影響我如何帶領員工前進。

我去麥迪遜公園11號工作前，曾經在現代餐廳接受短期訓練，那間餐廳是當時丹尼的集團旗下唯一的高檔餐廳。我在那裡，一直覺得很不自在。那裡的人，很多我都認識，但他們一直認為我是做休閒餐飲的人，而且對於我即將搖身成為麥迪遜公園11號總經理，他們毫不掩飾的投以懷疑的目光。現代餐廳一位資深經理甚至問我：「你憑什麼認為自己可以勝任麥迪遜公園11號的工作？你從來沒有在任何一間四星餐廳工作過。」對方這樣說沒有惡意，從我的背景與興趣看來，我的確不是那塊料。

不過，多年來，儘管我缺乏四星餐廳工作經驗，我卻漸漸認為這不是弱點，反而是超能力。正因為我缺乏經驗，所以能用批判性的眼光檢視每一個服務步驟，只問唯一重要的事：顧客體驗。某項規則是否能使我們更接近終極目標，也就是和人交流互動？或者使我們離這個目標更遠？

良好的訓練大抵可以使你做得更好。運動員每天都花很長的時間練習，一旦球或球拍在手上，肌肉記憶就能立即接管身體。完美的訓練能使你不用思考原因與做法，就呈現出色的表現；如果你要負責罰球，這能讓你的進球率高到嚇嚇叫。

但是，肌肉記憶不總是好事；長久接受類似訓練就像戴上一副眼罩。那些在精緻餐飲經過嚴格訓練的員工做的事情千篇一律，未曾思考為什麼要遵循那些規則。他們無法判斷那些規則是好是壞。

如果你問：「為什麼要這麼做？」你只會得到這樣的答案：「因為我們一直這麼做。」這樣的規則應該好好檢視。

知道得少通常是讓你做得更多的機會。我不是傳統的敵人；其實，我相信麥迪遜公園11號的成功深植於我們對餐廳歷史的熱愛，以及對眾多精緻餐飲古典儀式的尊重。即使我們決心翻新這個模式，依然不減上述傳統的重要性。但是，如果出自傳統的規則不是為了顧客服務，甚至會阻礙餐廳員工和他們的服務對象建立真正的關係，這種規則又有什麼用？

其實，我懷疑盲目依循這些規則，正是很多令人尊崇的老牌四星餐廳關閉的原因。品味會改變。對我曾祖母來說，現代藝術博物館牆上掛的那些東西根本不是藝術品。過了兩個世代，我這個曾孫則熱愛這些作品。同樣的，我和朋友在用餐時可不希望有名男服務生一直站在桌邊，雙手在背後交握，雕像似的動也不動（是的，我故意強調是「男服務生」）。如果我想找一間餐廳慶祝，我想看到為我服務的人輕鬆自在的靠過來聊天，即使他們會把手放在我面前那張雪白的桌布上也沒關係。

在精緻餐飲領域的眾多金科玉律當中，「禁止把手放在餐桌上」正是我們在麥迪遜公園11號想要推翻的第一項舊習。

不久後，我們也開始用「錯的」方式把舒芙蕾端上桌。我不會拿繁複的細節來讓各位頭痛，總之在經典的做法中，服務生會側身和顧客保持距離，於是手肘便會最接近顧客的臉。我則要求服務生採取「錯誤的做法」，在端上舒芙蕾時必須和顧客四目相接，同時繼續對話；在我看來，和顧客互動才最重要。

後來，我們讓廚師穿著白色制服送菜。而且，如果他們願意，也可以跪在顧客旁邊說明菜色。連園亭餐廳（Le Pavillon）都沒有這麼做過。

我提出的這些非正統做法讓精緻餐飲派的人抓狂。如果連最基本的事都做不好，怎麼可能從《紐約時報》那裡多拿一顆星？我要表達的不是用任何方式端上舒芙蕾都可以，只是希望這套做法不會因為傳統而阻礙到我們的款待精神。

這是一種不同的正確做法。

同樣的，我剛到麥迪遜公園11號，就發現我們送顧客的伴手禮是一小袋可麗露。這小巧的深色糕點是以蘭姆酒與香草調味，放入特殊銅模烤製，外層以奶油與蜂蠟作為塗層。所有人都曉得這道糕點非常難製作，所以我們希望，這份禮物能在顧客離開餐廳時最後再一次留下深刻的印象。

但我想，這樣做似乎沒有必要。如果我們在顧客用餐的過程中沒能帶來驚奇，這個句點必然也不會讓他們喜出望外。最好的狀況是，顧客在回家的計程車上匆匆吞掉這些糕點；最差的狀況搞不好是，它們被留在廚房流理台上放到過期。對我們想要提供的服務而言，這些可麗露太多餘；對於考量顧客會不會想吃而言，它們卻顯得我們思慮不周。

如果你急於展現實力，表現出「看看我們的能耐！」的態度，自然就會失焦，忘記最重要的事是讓顧客心滿意足。所以，後來我們把禮物換成一罐穀麥片，因為很少人會在早餐吃鮮為人知的法國糕點，但每一個人都很樂意坐下品嘗一碗穀麥片配優格。

我們的穀麥片是用椰子與開心果製成，玻璃罐的蓋子上刻有代表我們餐廳的四片葉子。*（顧客如果把餐廳的美食照片上傳到Instagram，最後一張照片常常就是這罐穀麥片。）在美妙的盛宴後，我們希望這份樸素的小禮物能讓顧客感受到賓至如歸。

不只是餐廳，所有顧客服務相關行業的目標都是與人連結。款待意味打破隔閡，而非樹立障礙！在接下來的十年間，我們將有系統的帶著意圖去消除這些障礙。有些做法很複雜，但第一個步驟很簡單：建立真誠的關係，努力和你服務的對象建立連結。

看人，不要看履歷

我剛到麥迪遜公園11號上班時，一天到晚都待在餐廳。部屬看到主管在第一線共同奮戰是好事。不管是幫忙清理桌子或是處理不滿的顧客，我都會毫不猶豫伸出援手。

不過，說真的，我會親上火線是為了終有一天不必事必躬親。

忙了一天，我多麼會服務顧客根本就不重要。這完全是數字遊戲；即使是很小的餐廳，經理也不可能服務每一桌，和所有顧客交流。領導者必須相信團隊會持續表現出應有的水準。這意味著，如果我打算做出任何有意義的改變，就必須有一支優秀的團隊。

不過，當我開始找尋人才時，刻意不找曾經在精緻餐飲領域工作的人。我們希望導入一種更優雅的服務風格，但我發現如果雇用曾經在精緻餐飲領域的人，這些人往往有太多壞習慣。因此，我們決定尋找有正確態度、了解款待哲學的人。

我們想要找這樣的人：會在街上追著陌生人跑，把撿到的圍巾還給對方；會帶著一盤餅乾拜訪剛搬來的鄰居，表示歡迎之意；或是會在地鐵站幫忙把笨重的嬰兒車抬上樓

＊譯注：麥迪遜公園11號的商標就是麥迪遜廣場公園常見四種樹木的葉子：小葉椴、銀杏、楓樹與英桐。

梯。換句話說，他們是真正友善好客的人，單純想做好事，會從助人得到快樂，而不是為了金錢報酬或相信因果報應才這麼做。

因此，如果新員工沒有豐富的葡萄酒知識或是不知道「turbot」（大菱鮃，又稱多寶魚）這個字要怎麼讀，一點也沒關係。如果他們對我們想達成的目標鬥志高昂，他們需要知道的知識，我們都會教。

於是，我很快就開始實施一項新政策：我們雇用的每一個人都得從內場服務生開始做起，負責把餐點從廚房送到用餐區。也就是說，他們必須從外場最底層的職位開始做，即使先前曾擔任總經理也一視同仁。

其實，這麼做有助於篩選人才。如果有人抱怨職位太低，或許不適合在我們的餐廳工作。而且，這套系統幫助我們用真正全方位的角度來訓練員工，因為他們要知道的不只是如何正確開瓶。

有句老話說，企業文化無法教，而是得透過心領神會習得。要體會丹尼爾精湛的廚藝，有什麼做法比得上花六個月的時間，把他的料理從廚房端到顧客面前？更重要的是，我們是一點一滴傳授技術要點，讓在他們獨當一面之前有很多機會吸收我們正在建立的文化。

而我們挑選人才加入團隊的方法，正是成功的關鍵。

每一名新人都會傳遞一則訊息

各位應該看過這樣的電影場景：當士兵大喊「掩護我」後往前衝，同袍則在槍林彈雨中保護他。用這一幕來譬喻餐廳工作似乎有點誇張，但是，如果你不相信身後的同事，就無法衝鋒陷陣、展現任何款待精神，甚至挽救局面。

麥迪遜公園11號開始正常運轉時，我對整個團隊都很有信心，相信他們會在我背後支持我。比方說，我在清理桌面時，顧客向我搭話。端著骯髒的餐盤和他們聊天不太體面，但我又不想失去和顧客建立關係的機會。因此，我會悄悄把手和盤子移到背後，儘管這樣做手會很痠，但在一、兩秒之內同事就會發現，幫忙把盤子拿走。

這只是個很小的例子，光是一個晚上，類似的狀況就可能發生一千件，並展現出團隊成員之間如何相互信賴、合作無間。因此，招聘人員是一項重責大任。招募新人時，你要雇用的不只是能代表你、支持你的人，這個人還要能代表並支持整個團隊。

士氣易變，光是一個人也可能對團隊帶來超乎尋常的巨大影響，而這種影響可能是好的，也可能是壞的。雇用一個樂觀、熱情、認真的人，將會影響他周遭的人，讓他們更認真、做得更好。但是，如果找進一個懶惰的人，這表示最優秀的團隊成員反而會因為過人的表現而受到懲罰——他得幫那個懶惰的人收拾爛攤子，整體品質才不會下降。

在一天結束之際，要對團隊中的A咖成員表現尊重，並且獎勵他們，最好的方法就是讓他們周遭都是A咖。如此才能吸引更多A咖加入。你期待團隊全心投入工作，你也必須在招募人員時投入同等的心力。你不能期待團隊盡心盡力，卻找一個不願意同樣努力的人加入他們。**建立團隊就像打造產品或是累積經驗，都必須超乎常理。**

因此，招募人員這件事急不得。人手不足令人恐懼，這經常會讓主管急著找人填補空缺。我很清楚主管心裡會想：我們實在很缺人，而且這個人能有多糟？

很不幸，我也曾有這種想法，嘗過苦頭才找到答案。找個不合適的人進來，對你和團隊都將造成傷害、歷經折磨，三週後卻又回到原點。其實，在你找到合適的人之前，每一個人都寧願多輪幾次班。

有個明智的人告訴我：「招聘人員時，得先問自己：這個人是否能成為團隊中的佼佼者？雖然他現在還不是人才，但應該有這樣的潛力。」

後方支援。

我們正準備大躍進。我必須相信，任何人只要大喊「掩護我」，其他團隊成員都會在後方支援。

升起文化的篝火

很多人會走入餐飲業，是因為這是一份有彈性又有趣的工作，不僅能支付日常生活開銷，而且能把時間與精力投入真正想做的事情上。在過去的麥迪遜公園11號，服務生打卡、填滿工作時數，時間到了就可以拍拍屁股閃人。如果你還在上藝術學院或是計畫在百老匯出道亮相，這真是一份不錯的工作。

然而，隨著餐廳的發展，這份工作要求工作人員做得更多，實施料理與葡萄酒測試是個有效的篩選辦法，讓我們知道哪些人可以接受挑戰，哪些人則不適合待在這裡。不管是老派或新派，他們當中有一些人了解我們想做什麼，也決心和我們一起走下去。其他人則認為不用承擔太多責任比較好，我們就得找人取代他們。

說真的，在餐廳文化建立起來之前，招募人手很不容易。人員有空缺時，我會設法找一個優秀的人加入團隊；這個人不一定接受過完美的訓練，但會是精力充沛、對工作任務充滿熱情。然而，即使這個人剛就職時具有高度的熱忱，最後還是會被某些同事的負面情緒影響。精緻餐飲派的人依然傲慢自大，有些守舊派則同樣不願加入團隊。

曾經有三、四次，我雇用了我認為很有潛力的人。但是，才一個月，他們的熱情就減弱到熄滅了，最後黯然離職。

所以，下次有職位空缺時，我沒有急著補人。反之，我等另一個職位出缺，又一個職位有缺，然後一次雇用三個優秀的人，把缺都補滿。與其讓一個新人用雙手小心翼翼護著熱忱的火苗，不如讓三個人升起熊熊燃燒的篝火。

後來，我總是會在新員工的就職會議告訴他們：「你們就像同一班的大學新鮮人。你們必須互相依靠、互相支持。」但我第一次說這段話，是對那三個人說。我希望他們明白，如果他們能運用團隊的共同經驗，將能為餐廳帶來深遠的影響。

認真是很酷的一件事

在高中，很酷的同學往往成績很差。他們不讀書，也不在乎老師怎麼看待他們。在這個年齡，你必須有所保留、不露聲色才顯得精明，好讓人認為你滿不在乎。

只是，等你再長大一點就會發現，人生過得最充實的是那些真情流露、讓自己充滿熱情、心態開放並展現脆弱的人。他們帶著好奇、喜悅與熱忱擁抱自己所愛的一切。

我的朋友布萊恩・肯利斯（Brian Canlis）正是這樣的人。

我常說，我在大學的朋友可以分成兩類。一類是跟我一起玩音樂開趴的人，另一類就是布萊恩。他養了一隻壁虎，喜歡下西洋棋，穿紫色的Converse球鞋，總是隨身帶著溜溜球。他和其他朋友完全相反，也比我們任何一個人都更有自信。

即使在我們大學一年級，大多數人還在思索自己是什麼樣的人，而且為了適應周遭，常常還得假裝自己融入團體的時候，布萊恩則特立獨行。他毫無保留的投入自己喜歡的事情上，別人再怎麼冷嘲熱諷、對他態度惡劣，他都不以為意。他散發的能量奠定他的行事作風，儘管他不是所謂很酷的那種人，依然是我認識的人當中最酷的一個。

我們打從開學的第一天就一拍即合，不久就發現我們都是在餐廳裡長大的。布萊恩的爺爺在一九五〇年創立提供精緻餐飲的肯利斯餐廳（Canlis Restaurant），《紐約時報》將這間餐廳譽為「六十多年來西雅圖最高檔、最精緻的餐廳」。他的父親克里斯・肯利斯（Chris Canlis）接手經營三十個年頭後，交棒給他與他的哥哥馬克（Mark）。（在餐飲業遭到新冠肺炎全球大流行摧毀期間，有一間餐廳的員工反而更忠誠，餐廳與社區的關係也更緊密，如果你想研究這樣的個案，肯利斯餐廳就是一個好選擇。請參看他們在二〇二〇年的Instagram帳號貼文。）

撇開餐廳不談，我跟布萊恩可以說是南轅北轍。但是，我們每堂課都坐在一起，也一起完成所有的小組報告，包括一個叫作龍舌蘭（Agave）的可怕餐廳測試概念。在這份報告中，布萊恩的壁虎米羅（Milo）驕傲的坐在餐廳入口的檯子上。

我一向是好學生，沒和死黨一起做過壞事。和布萊恩在一起，我不必擔心自己表現太超過、成績優異，可以努力用功，為了喜愛的科目廢寢忘食。不久後，我的其他朋友開始在我們身邊打轉，想知道是否可以和我們一起讀書——不僅僅是因為我們成績優異，而是因為我們在過程中非常盡興享受。

布萊恩讓認真變成一件很酷的事。

所以，我發現在麥迪遜公園11號，認真變成一件很酷的事了，才會因此想到布萊恩。記得大學時期我們修了一門關於湯品的課程。在課堂上，如果一桌有六位顧客，會由三名服務生負責上菜。依照正確的做法，這三個人應該同時端湯到桌邊，先把左手那碗湯放到桌上，然後往旁邊移一步，把右手那碗湯移到左手，然後放到桌上。接著，他們應該優雅、整齊劃一的同時掀開六碗湯的蓋子。

很多精緻餐飲的餐廳都有這樣的同步服務，大部分都會確保餐盤一秒不差的同時放到桌上。但是，我常會看到兩名服務生在桌子旁邊繞來繞去，等待第三個人到齊，這樣就不優雅，還顯得笨手笨腳。

也許這不是世界末日，但這樣的服務並不完美。

對我來說，這一點很重要。如果我們在乎這項服務細節，就應該盡善盡美。舞者要學會編舞的舞步，這樣他的動作才能和左右兩旁的人準確協調，所以「編舞」是唯一的準則。在餐廳裡，落後的服務生得加快步伐，才能和同事同一時間走到桌邊，而走在前面的人則要稍稍放慢腳步，讓落後的人趕上來。接著一起轉身，放下第一個盤子，跨步，換手，放下第二個盤子，掀蓋。

我們一而再、再而三的不斷練習。

有一天，我和團隊裡的兩個人一起送湯。我們完全同步，表現可圈可點，完美的就像一九五〇年代歌舞片當中的舞者，踩著舞步如同花朵般綻放。

我們回到廚房時，和我一起送湯的一個人轉過身來看著我，臉上散發欣喜的光芒，熱情的和我擊掌；那是我碰過最活力充沛的一次擊掌。我們做到了，我們體內的多巴胺高漲。我們做得太棒了，我們認真以對，也因此感到自豪。

我發覺大家在吃員工餐時談的話題也有了變化。儘管他們一樣說得興高采烈，但不是在說新開的酒吧或是最近的豔遇，而是討論前一晚服務的顧客，以及他們讓顧客有多開心。

他們說的正是款待，其中包含如何款待人以及接受款待的人。（我聽到他們激動的描述在其他地方用餐的細節，甚至感到更加興奮——接受令人感動的款待，見賢思齊，這就是最強大的激勵因素。）他們的同事都豎起耳朵專注聆聽每一個字句。當你發現整個團隊和自己一樣認真的時候，就用不著隱藏你的熱情，可以爬到屋頂上高歌。和你一起工作的人沒有猶豫不決、拖拖拉拉，而是卯足了勁、全力以赴，你們就屬於同一國，你大可不必為了取得成功而遮遮掩掩。

在麥迪遜公園11號，認真變得很酷。

第九章

刻意懷抱意圖做事

「這個地方需要一點邁爾士・戴維斯（Miles Davis）。」

還記得我和丹尼爾共用一間沒有對外窗的辦公室時，我在他面前大聲念出這一句話。他的臉扭成一團，用濃重的瑞士口音問我：「這到底是什麼意思？」

我不知道，但我想弄清楚。

我當時正在閱讀莫伊拉・霍奇森（Moira Hodgson）為《紐約觀察家》（*New York Observer*）寫的一篇關於麥迪遜公園11號的評論。這篇文章是在二〇〇六年四月刊出，也就是我到麥迪遜公園11號工作的幾個月前，當時丹尼爾已經在麥迪遜公園11號做了幾個月的主廚，內容非常正向。霍奇森給出三顆半星的評價，滿分是四顆星，算是相當好的評價，甚至可能有點過譽，畢竟那時餐廳還在努力把料理送到正確的桌次。

不過，但我讀這篇評論不是為了找出我們可以做得更好的地方；挖出這篇舊文是為了尋找向團隊闡述願景的語言。我們對現在的使命宣言很滿意「成為下一代人的四星餐廳」，但這只是目標。

問題是：我們要怎麼做？

用不著迎合所有人

關於餐廳的評論與批評我都看了，全部都看了。除了文章底下的留言，每一個字我都細讀。

我不只重視《紐約時報》知名評論家的意見，也很好奇其他人怎麼看待我們正在做的事。**如果你的工作是讓人快樂，要是你不在乎別人怎麼想，就不可能做得好。**當你不再看評論那一天，就是志得意滿開始滋長的日子，很快的你就什麼咖也不是了。

但我不會因為一、兩個人說他們不喜歡某樣東西，就改變這個東西；即使很多人不喜歡，我或許也不會改變！如果想要迎合所有人，那就證明你沒有觀點；如果想要產生影響力，就必須有自己的觀點。

餐廳事務涉及創造力，就像大多數創造性的工作，沒有明確的對與錯。你做的選擇總是主觀的，和個人意見有關。

批評等於是邀請，讓你的觀點接受挑戰。或者，至少請你認真考慮是否接受挑戰，並從中獲得成長。你也許會堅持自己的選擇，也因此受到批評，或是最後變得完全不同。然而，重要的不是最終結果，而是過程：你接觸另一種觀點並決定重新做決定，如此一來，你就會成長。

闡明你的意圖

和邁爾士・戴維斯同一時代的偉大爵士樂手都有獨特的個人風格，窮畢生之力鑽研這樣的風格，如迪吉・葛拉斯彼（Dizzy Gillespie）或是艾靈頓公爵（Duke Ellington），邁爾士・戴維斯則不然，他不斷重新塑造自己——他的改變非常激烈、徹底——每一張專輯都宛如脫胎換骨。這種轉變經常嚇跑粉絲，激怒樂評家，但他依然不斷發起挑戰，推動現代音樂改變。

戴維斯的影響力兼容並蓄、無遠弗屆。他和西方世界各種類型的音樂對話，包括搖滾樂、流行樂、佛朗明哥、古典音樂等，也吸收印度與阿拉伯的音樂構想，以重塑爵士樂這種典型的美國藝術形式。

有時候，他不太好相處。舉例來說，要是記者提出愚蠢的問題，他會忍不住咒罵他們，甚至會背對觀眾轉身吹小號。（順帶說明一下：在思索如何款待顧客時，邁爾士・

戴維斯不是我的靈感之泉。）不過，他很樂於和其他音樂人合作，盡心盡力和他們一起做音樂，並提攜他們——如大名鼎鼎的約翰・柯川（John Coltrane）、比爾・艾文斯（Bill Evans）、加農炮艾德利（Cannonball Adderley）、韋恩・蕭特（Wayne Shorter）、瑞德・嘉蘭（Red Garland）、保羅・錢伯斯（Paul Chambers）與溫頓・凱利（Wynton Kelly）等，不勝枚舉。他自由、公開的和這些音樂人合作、分享錄音室裡的作品，鼓勵他們找到自己的聲音，追求自己的計畫，在音樂職涯中成長茁壯。

直到今天，我還是不確定莫伊拉・霍奇森想告訴我們什麼。但我們愈了解邁爾士、熟知他做音樂的方式，就得到愈多啟發，知道自己想怎麼做了。食評家天馬行空那句話，就是我們得到最棒的禮物。我們一直絞盡腦汁，想找到適合的語言來傳達我們的雄心與價值觀，為我們的目標找到最精準的言詞來表達。在了解邁爾士的過程中，我們找到十一個這樣的詞。

我從我爸那裡學到意圖的重要性，就是知道自己要做什麼，而且得確定你做的每一件事都是為了達到這個目標。我也從老闆丹尼・梅爾那裡了解到向團隊闡明意圖的重要性。

但是，我和丹尼爾在麥迪遜公園11號還沒做到這一點。我和丹尼爾經常窩在一起，聊天、計畫、作夢；我們意氣相投，目標一致。但是在麥迪遜公園11號，有一百五十個人在我們手下做事，每一個人都必須和我們的目標一致。所以，我們需要語言。**語言能讓你為直覺賦予意圖，把願景分享給別人。**有了語言，才能創造文化。

很幸運，霍奇森在評論中提到的是音樂家，因為我愛音樂，而且從小到大一直都在玩音樂。看了他的文章之後，我聽更多邁爾士・戴維斯的音樂，無論是在餐廳裡或是離開餐廳後都在聽。一旦我更熟悉他的音樂，所有描寫他這個人以及他的創作過程的文章，我都找來看，尤其是其他音樂人對他的評論，包括他的作品、他的演奏風格，以及他對音樂形式帶來的巨大影響。

接下來的一、兩個月，我和團隊討論，整理出一張清單，列出樂評家與其他音樂人在評論邁爾士時反覆出現的詞彙：

酷

持續改造

激發靈感

勇往直前

新鮮
樂於合作
隨興
生氣勃勃
放膽冒險
輕鬆愉快
創新

這些特質引發我們的共鳴，並據此畫出發展的藍圖。（其實，這張清單原本很長，但我們縮減到十一個。）食評家說的沒錯，如果我們的餐廳要進步，真的需要更多的邁爾士・戴維斯。

我們製作了一個大牌子掛在廚房，最上方是代表餐廳的四片葉子，下方則是這十一項精神標語。這個牌子是我們的試金石、指路燈，也是自我查核表。每一次我們需要集思廣益或面臨艱難的決定時，就會查看這張清單。在接下來的幾年內，麥迪遜公園11號會大幅改變，但我們有信心，只要照著這張清單上列出的項目去做，就不會走錯方向。

「酷」是清單上的第一項。這樣安排似乎很恰當，因為我們已經準備闡明這個概念的重要性：如果要為下一代人打造一間四星餐廳，這間餐廳一定要很酷。

日後，很多人會說「持續改造」就是我們餐廳的特色。麥迪遜公園11號的確不斷求新求變——不是為了改變而改變，而是為了成為全世界最好的餐廳，我們必須獲得這樣的認可。對我們來說，這代表我們提供的是自己希望獲得的東西。而隨著我們不斷成熟、演進，我們希望獲得的東西一直在變，我們提供的服務也會跟著改變。

但是，在這張清單中，我們第一個要努力做到的是「樂於合作」。這四個字特別顯眼，因為合作就是我們掌握其他特質的關鍵。

擬定策略必須集思廣益

我們從一篇評論提到的爵士小號手獲得靈感，進而建立餐廳的精神標語。這讓我們想到，也許可以在其他意想不到的地方找尋指引——特別是在餐飲界「牆外」的領域。

企業擴張規模時，經常會這樣說：「企業愈大，愈是必須從小處著手。」（這就是

Shake Shack的宗旨。）在麥迪遜公園11號早期，我們則反其道而行。雖然我們隸屬餐飲集團的一部分，仍然是一間擁有自主權的餐廳。我們很小，但我們想做大事。

我們研究具備傑出企業文化的組織，如諾德斯特龍百貨（Nordstrom）、蘋果公司（Apple）、捷藍航空（JetBlue）等。這些公司都會舉行策略規劃會議，或是為了未來發展召開長程會議，要求組織所有事業體共襄盛舉、集思廣益。（這正是企業經營的優勢。）

這對我們來說是一種啟發；在餐飲界，這種做法幾乎聞所未聞。對我和丹尼爾而言，這也是一種解脫；因為到目前為止，所有決策與訂定目標的重擔都落在我們肩上。我們既然召集到一批生力軍，他們活力充沛、年輕有為，熱愛餐飲事業、食物與款待顧客，何不大家一起討論？無論我與丹尼爾有多大的雄心壯志、多麼勇於創新，都比不上全體員工腦力的集合。

我們立即發現，請所有團隊成員參與討論、找出公司目標，並為目標命名，就更有可能實現這些目標。透過他們的參與，我們能想出更多（而且更好！）的構想——更別提成員將因為這些貢獻變得勇於擔當責任。

經過一段時間，我們的策略規劃會議成了腦力激盪集會，共同決定在未來的一年內要做什麼。不過在第一年，我們只提出一個問題：我們想體現什麼？

我們想成為紐約最好的餐廳。我們希望不犧牲溫暖就能達成卓越，不影響品質水準就能展現當代精神。但在踏上這條道路之前，我們必須知道，無論作為個人或是團隊，我們要如何打造自己的特點。

我們第一次開策略規劃會議是在二〇〇七年。為了開會，餐廳休店一日——無可否認，這是超乎常理的做法——邀請所有主管與員工一起為未來擬定策略。

這樣的包容性很重要。我們研究過的許多公司都把策略規劃交給高階主管，但我們把團隊的每一個人都拉進來，從總經理助理、行政主廚到洗碗工、備料廚師以及助理服務生（這是我們給一般雜務服務生的職稱）。

我們很幸運，只有餐廳規模夠小，才能把所有人都找來，因為外場的雜務服務生能看到總經理看不到的東西。如果我們注重每一個細節，每一個人的觀點與見解都非常有價值。

開會那天，我介紹這場會議的主題，解釋我們希望從會議當中獲得的結果——而且我們會讓團隊暢所欲言。

我們把大家分成十個小組，分散在餐廳各處，圍著一本記事本討論。那天，我繞到每一組來回走動，看他們說得眉飛色舞、針鋒相對，然後又一起哈哈大笑。我時而加入他們，但不提供任何意見。這是他們的時間。

由於我不想讓任何人在發言時有所顧忌，於是安排內場與外場的主管在前一天開他們的策略規劃會議。團隊開會那天，主管則扮演不同的角色：副主廚到用餐區幫忙點餐，看他們要吃什麼三明治，而外場主管則在廚房做客製三明治。（當你給員工安全的空間來作弄主管，有些人肯定會躍躍欲試。我記得有人點了火雞三明治，指定要一片沒烤的全麥吐司、一片烤過的黑麥吐司，以及三滴美乃滋。）當內場與外場主管交換角色之後，才知道對方每晚都得面對什麼樣的麻煩。

到了下午，每一個小組站起來發表討論結果。此時，我們就能看出團隊的契合度。最後，有四件事成為當天討論的焦點。即使這些項目並不是特別有突破性，然而如果我們能同時體現這四項特質，就能有所突破。

教育是理所當然的事。我們一直都知道，要建立以教學相長為根基的文化，並且雇用對不知道的事物感到好奇、又能慷慨分享自身知識的人。同樣的，我們也希望找進來的人對我們的任務充滿熱情，而且和我們一樣有滿腔熱血、抱著使命必達的決心。

然而，在這張清單上，最後兩項特質在本質上彼此衝突，而且這樣的衝突將影響我們日後所做的一切。

選擇衝突的目標

款待與卓越。這兩項概念不會相輔相成。

如果你不計較細節、不要求精準，要做到暖心款待會比較容易。在小餐館，誰在乎女服務生忘了送可樂？既然是朋友，有點散漫，又有什麼關係？

要把員工嚇壞、讓他們不會再在用餐區犯任何一絲技術上的錯誤很簡單。但是，撇開道德上的異議不談，如果員工活在恐懼中，深怕不小心犯錯被逮到，必然無法展現自我、輕鬆自在的和顧客互動。

其實，第一次開策略規劃會議時，我就感受到這兩項概念之間的緊繃對立。有些人慷慨激昂的談到歡迎、溫暖與連結的重要性，其他人則認為員工訓練無懈可擊、把餐廳各個層面打磨得完美無瑕才是第一要務。

款待與卓越會同時出現在清單上，是因為我們了解，能否成功就看我們如何處理款待與卓越相互衝突的難題：為了成功，這兩項目標都必須做到。這不是魚與熊掌不可得兼，而是必須兩全其美。後來，我從管理大師羅傑・馬丁（Roger Martin）得知這就是所謂的「整合思維」（integrative thinking）。他在《更多不等於更好》（*When More Is Not Better*）中論道，領導者應該主動積極的選擇互相衝突的目標。

舉例來說，西南航空（Southwest Airlines）的目標是：全美國成本最低的廉價航空公司，以及顧客滿意度與員工滿意度最高的公司。這些目標看似彼此對立，實際上也的確相互衝突。但是，這間航空公司在多數時間都成功達成這三項目標。毫無疑問，他們為了實現這些矛盾目標所做的努力，也為公司締造業績奇蹟：半個世紀以來，西南航空一直是美國最賺錢的航空公司。

正如馬丁所言，如果你有好幾個相互衝突的目標，就不得不創新。我也在我們餐廳看到同樣的狀況。我剛到麥迪遜公園11號時，發現一派人為了精確與卓越而犧牲了款待精神，另一派則為了提供溫暖的款待，細節就馬馬虎虎了。挺過考驗留下來並且和我們一起成長的人，已經能看出另一派的優點。

我們承認款待與卓越本來就會有衝突、有磨擦，所以把這兩者同時列入目標。我們必須探索這種矛盾並接受它——然後整合這兩個對立的概念，同時體現出來。

了解你的工作為什麼很重要

我是餐旅業家庭出身，常聽到做這一行的父母對孩子也要走這條路相當感嘆。他們希望孩子當醫生、律師或者從事金融業，不希望孩子為別人服務——特別是把服務當作職業。

我的觀點不同。我希望團隊成員能夠了解，款待可以將服務昇華，不只是對接受服務的人有重大意義，對提供服務的人也一樣重要。除非你停下腳步，思索這份工作的重要性，以及接受服務的人會受到什麼影響，否則服務別人可能讓你覺得有失尊嚴。

在第一次策略規劃會議結束時，我告訴團隊：「當你開始透過款待精神的視角看待服務，就會發覺服務是高貴的行為。也許我們不是救命英雄，但我們的確有能力創造一個奇幻世界，讓人暫時逃離現實，在此得到慰藉——我認為這不是機會，而是責任，也是值得驕傲的理由。」

我最近接到一通電話，一位康乃爾大學酒店管理學院畢業生請我提供一些職涯建議。他劈頭就說：「我正在思考，不知是否應該留在這個可怕的行業。」這通電話很短；所以我很快就告訴他，從他的語氣聽來，也許他該轉行。

不管做什麼，如果你不喜愛這份工作，就很難出類拔萃。我和其他人一樣，也有心情不好、諸事不順的時候，但我總是會說：「我無法想像自己去做別的事」，因為我總是能從工作當中挖掘重要意義。我真的相信，餐廳能使人從現實解脫，得到喘息，哪怕只是短短的一、兩小時——或許這個說法有點俗氣，但我們能把這個世界變得更美好。因為當你真的全心全意對別人好，他們也會對其他人好，於是展開一個善的循環。每次想到這一點，即使我已經疲憊不堪，還是會精神一振。

我認為我的使命就是幫助為我做事的人，讓他們看到自己工作的重要性。即使是在現代藝術博物館的咖啡廳，我們不會把顧客看作來這裡吃午餐的人，而是視為博物館的參觀者——他們是來這裡探險的，將在這個地球上最偉大的現代藝術博物館受到啟發，實現夢想。這個簡單的思維改變對團隊產生深刻的影響，他們的行為以及顧客接受的款待都出現變化。

我經常和不同領域、不同行業的人交流。我發現有人會認為自己的工作不重要，通常是因為他們沒有深入了解自己扮演的角色有多重要。當我出席房地產研討會時，也很容易看出哪些人是懷抱熱情與使命感在工作。很多人告訴我，他們是賣房子的人；但在這一行，最厲害的人知道自己能讓人買到一個家。

這樣的思維適用於我能想到的每一個行業。你可以說自己在金融服務業工作，也可以說自己是在為顧客提供計畫，保障他們家人的未來。你可以說自己從事保險業，也可以說自己是在為顧客提供慰藉，讓他們知道自己與摯愛不論發生什麼事，都能獲得保障、安全與防護。這兩者之間的差異在於，你是為了完成任務而工作，或是為了實現比自身價值更重要的志業而工作。

無論你做什麼，你絕對能讓某個人的人生出現轉變。**你必須告訴自己，你的工作為什麼重要。**如果你是領導者，就得鼓勵團隊裡的每一個人也這樣告訴自己。

第十章

打造合作的文化

策略規劃會議翌日，餐廳充滿希望與興奮的氛圍，而且這股能量在接下來幾週依然沒有消散的跡象。我們的團隊充滿熱情與創造力，對餐廳的發展方向有發言權，也願意更加努力工作，因為他們已經成為命運共同體。

光是開一天的會，就有這麼大的收穫，我迫不及待採行更多符合目標又有創意的做法，讓合作精神深深融入我們的文化。我們挖到金礦，而我可以不害臊的說，我想要更多。我說的合作是指每個人、每一天都要合作。

選擇可敬的對手

賽門．西奈克在《無限賽局》（*The Infinite Game*）書中談到要選擇可敬的對手，也就是一間比你們做得更好的公司。對手的優勢將顯露你的弱點，使你走上不斷改進的道路。

讀到這裡，我立刻想起二〇〇六年底我與丹尼爾在本質餐廳的用餐經驗——或者說特別是我回家後睡前小酌的那段時間。

我在結婚前、女兒還沒出生的時候，睡前多半都會在自家公寓裡，倒杯酒、打開筆記本。我在本子上寫下一堆東西，包括日記、懺悔過失、願景、待辦事項——我的靈感都是來自這本筆記。

我與丹尼爾花了很多時間，研究其他根基比較穩固又成功的精緻餐飲餐廳。哪些地方他們做得比我們好？我們能學習到什麼？哪些我們可以借鑑、變成自己的優點？

在紐約，本質餐廳可說是獨領風騷的佼佼者。

幾年前，我和女友去湯瑪斯・凱勒在加州的米其林三星餐廳法國洗衣坊（French Laundry）用餐，*實在驚為天人。這間餐廳和我在四季餐廳的高檔餐廳初體驗，以及和我爸去丹尼爾・布魯德的「空中之盒」的經驗，都教我畢生難忘。那時，我甚至對精緻餐飲不感興趣，但整體體驗真是超群絕倫，各個層面都很創新。

由於法國洗衣坊已經是全世界數一數二的優秀餐廳，所以凱勒進軍紐約，他新開的餐廳也就理所當然成為精緻餐飲的標竿。雖然麥迪遜公園11號還無法晉身本質餐廳那樣

* 譯注：這間餐廳主體是石造建築，於一八八〇年建成，最初是酒吧，後來因為小鎮頒布禁酒令，便轉換成妓院營業；到了一九二〇年代又成為法國蒸汽洗衣坊（French Steam Laundry）。一九七〇年代，小鎮鎮長買下這棟建築改為經營餐廳，一九九四年轉手給湯瑪斯・凱勒，此後數年，這間餐廳聲名鵲起，進而揚名天下，並且於二〇〇三至二〇〇四年獲選為全球最佳餐廳。

的等級，我與丹尼爾也持續密切注意他們的一舉一動。

因此，吃完本質餐廳打道回府後，我瘋狂記錄這個非凡的體驗。

每一道菜都帶給我靈感。他們的名菜鮭魚韃靼捲深得我心，這道開胃小品很好玩，看起來像給孩子吃的冰淇淋甜筒；接下來的料理擺盤奢華，還有一道菜盛放在許多個大小不同的特製瓷盤交疊而成的同心圓上。湯瑪斯・凱勒不費吹灰之力，就將「咖啡與甜甜圈」這道簡單的餐點變得奢華，令人驚喜。

我們沒有放過這種優雅背後的精準細節。舉個小小的例子來說，我們有幸受邀到他們的廚房參觀，看到許多最先進的設備，設計得非常細緻、漂亮，我想丹尼爾搞不好會感動流淚。我們接著也發現到，他們用來固定桌布的藍色膠帶不是用撕的，而是用剪刀剪得整整齊齊的。如此用心，專注每一個幾乎沒有人看到的細節，實在令人敬畏。

這場盛宴即將結束時，我們已經心醉神馳。這時，出現一個橋段：服務生端來一個木盒，裡面有二十四顆、排成三排的松露巧克力——分別依據黑巧克力、牛奶巧克力與白巧克力排列——他還鉅細靡遺介紹每一種口味。這樣的記憶力太驚人，簡直是超人，我們像是在看魔術表演。

我在筆記本上奮筆疾書，最後寫到餐後那杯滴濾咖啡。由於這一餐從進門開始每一道都完美得令人難以置信，這杯還算可以的咖啡就顯得很突出。

我因此想到吉姆・貝茲（Jim Betz）。

發掘員工的熱情——然後給他們鑰匙

吉姆・貝茲是麥迪遜公園11號的咖啡狂人。

我在現代藝術博物館經營咖啡館時，開始踏入咖啡世界。幸運的是，當時我住在第九街咖啡館（Ninth Street Espresso）附近。這間店是紐約第一間講究濃縮咖啡品質的咖啡館，老闆肯恩・奈伊（Ken Nye）超級龜毛，甚至會根據當天戶外的濕度來調整豆子研磨的粗細，煮出來的咖啡如果不夠完美，一律倒掉。

吉姆是肯恩的外甥，舅甥兩人一樣對咖啡充滿熱情且知識淵博。吉姆在我們餐廳工作，也非常投入。他來應徵時，臉上還留著宛如伐木工人那種威廉斯堡風格非主流的大鬍子。我告訴他，如果他想在這裡工作，就得把鬍子剃掉。第二天，他來上班，鬍子已刮得精光，這是他多年來第一次露出下巴；在我看來，他這般行動已經展現出最大的決心。

關於咖啡，吉姆知道的當然遠遠超過我，但我也知道不少，所以能跟他聊得來。我們經常在吃員工餐的時候坐在一起，聊最近開的頂級咖啡館或是自己試過的好豆子。雖然吉姆才二十多歲，但我和他交換意見時都獲益良多。我向他提起本質餐廳的咖啡「還可以」時，已經料到他會有多麼失望。

事實上，由於本質餐廳的餐點達到極致完美的地步，咖啡如此平凡，不免讓人吃驚。然而，以當時一般精緻餐飲餐廳提供的咖啡而言，那杯咖啡其實一點都不讓人意外。人們去高檔餐廳是抱著朝聖的心情，期待吃到高妙細膩的料理、喝到絕佳美酒。要進到餐廳，坐在這個座位上，所費不貲。然而，搭配餐點的飲品——從餐前雞尾酒到餐後的一杯茶或咖啡——則只是一般水準。即使在這堵神聖高牆之外的領域，已經發生天翻地覆的革命，飲料依然乏善可陳。

比方說，有很長一段時間，啤酒就是淡而無味、大量生產的工業淡啤酒，在一九五〇年代，這種啤酒甚至稱霸商業市場。然而，世界各地仍然有數以千計的獨立釀酒廠，釀造風味豐富細膩的啤酒，足以搭配頂級美食。也許在一九八〇年代的四星餐廳，啤酒不在餐酒搭配之列。但到了二〇〇六年，我們已經難以想像下一代人的四星餐廳沒有提供精釀啤酒。

調酒也是如此。如果大多數喜歡美食的人都知道，一杯像樣的曼哈頓雞尾酒要用攪拌調製、不能用手搖，為什麼很多餐廳的調酒和機場貴賓室提供的調酒品質差不多？如果我在上班路上，可以在第九街咖啡館這樣的小店駐足，喝一杯風味飽滿豐富的咖啡，那可是專業咖啡師用單一產地的高級豆製作；為什麼在高檔餐廳吃飯，一餐要價一千美元，喝到的卻是沒有特定品牌、風味平淡的機器濾滴咖啡？

這些飲品會差強人意，是因為沒有人重視這件事。時至今日，在大多數提供精緻餐飲的高檔餐廳中，負責所有酒水的還是飲務總監。從這個職務的定義來看，這個人想必是葡萄酒專家，畢生都在鑽研相關知識，不管是去旅行、閱讀或是接受專業訓練，都和葡萄酒有關——啤酒、濃縮咖啡、雞尾酒或茶則和他們無關。

即使你的飲務總監是全世界最優秀的人才，也一樣無法顧及其他飲品。我知道這一點，是因為我們的飲務總監約翰・雷根（John Ragan）正是這樣的人才。飲務總監沒有時間去鑽研其他飲品，為這座城市的優秀餐廳策劃酒單已經很不容易。

另一方面，我的團隊中有很多年輕人，對食物或飲品的不同層面抱持狂熱態度。有幾個人會在休假日搭火車到皇后區的戶外啤酒花園，品嘗鮮為人知的小型酒廠提供的六十款精釀啤酒。另一票人則會定期跑到中城，隱入一棟不起眼的辦公大樓品茗第一泡玉露；這種綠茶是採取遮住光照的方式種植，以沸點以下六十度的水溫沖泡而成。當然，我們還有吉姆，他對手沖壺與符合道德標準的咖啡產區都瞭如指掌。

我們在策略規劃會議中已經確立，「熱情」是團隊致力追求的核心價值。因此，在本質餐廳享用那頓史詩般精采的晚餐後，我在記事本寫下的最後一句話是：「該由吉姆負責餐廳的咖啡了。」

於是，麥迪遜公園11號的專責計畫因應而生。

科克・柯勒維（Kirk Kelewae）也是康乃爾的畢業生，他來到麥迪遜公園11號時，對我們正在做的事非常興奮。他看起來很有潛力，但他和每一個新進員工一樣，必須從廚房服務生開始做起，把廚房做好的餐點端到用餐區。

科克剛好熱愛啤酒，我相信他是負責啤酒專責計畫最好的人選。不過，我最初和他坐下來談的時候，他和所有二十二歲的年輕人一樣，對挑戰膽怯，不知道自己能否承擔這個重責大任。直到我說服他，並且保證我們會提供大力的支持。

我把他介紹給我們所有供應商。我相當肯定，他很快就會向我們引薦新的供應商。每次啤酒供應商到餐廳來，想要給我們的飲務總監品嘗幾款最新精釀的啤酒，卻發現桌子對面是個一臉稚氣的傳菜員，不久前才達到可以在餐廳點酒的法定年齡。這副景象總是讓我百看不厭。

我們給科克一筆預算，教他怎麼管理這筆錢。於是，他學會如何管理庫存與採購。接著，我們告訴他：「這項計畫就由你負責。做出成績給我們看吧！」

我們說過的事，他一點就通，用不著提醒。他從餐廳啤酒服務的每一個層面下手，像是酒瓶的存放、使用的啤酒杯，再到斟酒的技巧等。他閱讀每一份業內出版品，並探尋最稀有、鮮為人知的啤酒。由於熱情，他才會去做這些額外的工作。這位熱忱的年輕人也打動釀酒商，酒商不時會偷偷塞給他幾瓶數量稀少、只精釀幾十瓶的限量啤酒。

在科克接手負責啤酒一年後，麥迪遜公園11號的啤酒服務被許多份出版品評選為全美國頂尖。我很興奮，但這樣的成績並不教我意外。

餐廳的啤酒服務不只大幅改善，我們也都被科克的熱情感染。為了不讓他失望，我們都愛上啤酒了。他會倒一小杯啤酒，在走廊上追趕你說道：「嘿——你一定要喝喝這款格魯特啤酒！」（你知道什麼是格魯特嗎？我原本也不知道。但因為科克，我現在可以告訴你，這是一種以中世紀風格釀製的啤酒，採用草本植物釀造，而非啤酒花。顯然，這是一款很流行的啤酒。）

同樣的，另一位傳菜員珊貝絲・森恩（Sambath Seng）也加入專責計畫，負責茶飲的部分。她飛到拉斯維加斯參加世界茶葉博覽會，向經銷商自我介紹；那些經銷商直接從印度、中國、泰國、台灣、韓國與日本等國的茶園購買茶葉。她告訴我們，有的茶葉是用高溫烘乾，有的則是用蒸氣處理。她很注重水的純度，講究茶葉的沖泡時間與溫度，也教我們如何溫熱、把持茶壺，所以我們也很在意相關細節。

接下來是調酒。我召集酒吧團隊說：「我希望餐廳的調酒和PDT酒吧的一樣好。」PDT酒吧是我朋友吉姆・米漢（Jim Meehan）在東村開的一間調酒酒吧。PDT是「Please Don't Tell」（請別外傳）的縮寫，店如其名，這間小酒吧位在一個非常隱密的地方，宛如非法地下酒吧。你得先到克利夫熱狗店（Crift Dogs）這間小餐館，從他們的電話亭鑽過去才找得到。很多人都認為這是全世界最棒的一間酒吧。

我們酒吧團隊裡一位調酒師說：「這太荒謬了，根本不可能。」在高檔調酒酒吧，調酒師調製一杯酒至少得花十分鐘。在餐廳裡，這樣的服務很難實踐，尤其我們餐廳有一百四十個座位，不是只有六個位子。

不過，任何一個曾經和我共事的部屬都會告訴你，我最討厭的三個字就是「沒辦法」。這來自我親身獲得的教訓。小時候，我曾跟我爸說，沒辦法，我真的做不到。我實在大錯特錯，因為隔天家裡到處都貼滿小紙條，就像幸運籤餅中的紙條那樣，但上面寫著：「成功的人想辦法，失敗的人沒辦法。」我再也不曾在他面前說這三個字。

雖然這位調酒師這麼回答，我還是對他深具信心。他叫李奧・羅比契克（Leo Robitschek），也許你聽過他的名字，現在他已經是舉世知名的調酒大師。但當時，他一面在麥迪遜公園11號工作，一面攻讀醫學院。

李奧總有很多好構想，卻也很愛發牢騷、博取注意力。他不放過指教任何人的機會，會告訴對方做事的方法哪裡有問題才永遠不會成功。但他接手負責調酒之後，就像變了一個人，不再抱怨，矢志成就事業。一站上領導者的位置，這個最直言無諱的批評家變成餐廳的大使，甚至成為世界一流的調酒大師。

最後，當然還有吉姆。他主掌咖啡服務之後，馬上把供應商換成當時全美首屈一指的烘豆坊芝加哥知識份子（Intelligentsia）。他開始在桌邊為顧客製作咖啡，讓顧客挑選經典Chemex濾壺手沖咖啡或是虹吸咖啡。虹吸式咖啡兼具浸泡與過濾的特點，額外的好處是可以看咖啡師怎麼用虹吸壺萃取咖啡。

多虧吉姆（以及本質餐廳無意間提供的靈感），在麥迪遜公園11號用餐最後來一杯咖啡，不是聊備一格的飯後飲品，而是我們精心策劃、具備娛樂性與知性的精采體驗。更重要的是，我們是以一杯水準絕佳的咖啡，為饗宴劃下完美的句點。

尋求三贏

墨西哥餐廳奇波雷（Chipotle）的創辦人史蒂夫・艾爾斯（Steve Ells）來我們的歡迎研討會上演講，他滔滔雄辯的分享，賦予團隊更多責任會帶來正面影響。大多數速食業者會在工廠處理食材，因為他們不相信店裡的員工。也就難怪，這些餐點吃起來像是在卡車上放了好幾天。艾爾斯相信，店裡的內部員工接受適當的培訓，可以做出更好、更新鮮的食物。

他發現，把責任交給團隊，他們就會變得更負責，也會因為他的信任，更融入自己的角色職責。當團隊獲得授權，食物變得更美味，顧客也會有更好的用餐體驗，因為他們可以親眼看到店內員工在切蕃茄、燒烤雞肉。

這是三贏。

我們餐廳也是如此。員工都很支持專責計畫，因為每一個人都是從傳菜員開始做起，有些人做了三年才升上主管。這些專責計畫讓有創造力、積極進取的員工有機會施展身手，同時可以累積經驗。

投資時間、信任與教育幾乎都是值得的，因為當我們指導別人，讓他負起全責，長遠來看，我們的工作就會變得比較輕鬆。在麥迪遜公園11號，調酒都由李奧負責、啤酒就交給科克，我們的飲務總監約翰・雷根就不用管這些飲料，或是咖啡、茶飲等。由於約翰有更多時間、精力與能力投入鑽研葡萄酒，原本優異的葡萄酒服務變得更傑出，至於其他飲品，很多精緻餐飲高檔餐廳的選項依然乏善可陳，我們也就成為絕對的佼佼者。

餐廳裡的每一個人，不管是員工或是來用餐的顧客，都能從這股熱情碰撞出來的美妙火花而受益。科克與經營布魯克林釀酒廠（Brooklyn Brewery）的奇才蓋瑞特・奧立佛（Garrett Oliver）成為好友，李奧則結識位於肯塔基的傳奇釀酒廠創辦人朱利安・凡溫克（Julian Van Winkle）；溫克送我們一個釀造神級波本威士忌用的橡木桶，我們把它送去布魯克林釀酒廠，蓋瑞特就用這個橡木桶釀製專屬我們餐廳的精釀啤酒。這是真正特殊又有趣的合作關係，如果啤酒還是由飲務總監負責，就不會產生這樣絕妙的成果。

由於飲品專責計畫大放異彩，我們的管理團隊列出一張清單，把餐廳裡每一項可以精益求精的細節列出來，如桌布、雜務與教育訓練。雖然這些細節不會引入注目，但對員工體驗與財務數字都能產生真正的影響。

比方說，有名員工負責CGS計畫；CGS指的是磁器（china）、玻璃（glass）與銀器（silver），這項計畫的名稱聽起來很悅耳，對吧？他的任務是致力減少器皿的破損率。

他發現餐具室的杯架太矮，少了半英寸（約一公分半），玻璃杯放上去的話，杯腳就會突出來，並且在這樣的狀態下送進洗碗機清洗。換上新的杯架後，破損率便減少三〇%。這可是一大筆錢，也大大提升士氣，因為這意味我們不會再在顧客用餐期間缺水杯了。

他還請雜務工去買厚厚的橡膠墊，鋪在放置待洗碗盤的不鏽鋼檯面上。於是，我們那手工精製的昂貴大淺盤底部就不再出現缺口了。

這不是餐廳主管待辦事項中遺漏的項目，畢竟他們有一千件事要做，而是年輕員工用心思發現的一些小地方，用不著花什麼錢就可以改善現況。在最初的幾個月，這些小改變就為我們餐廳省下好幾千美元。雖然有些事情對顧客的影響比較直接，但是用不著去看桌巾櫃或杯架，就能感受到這些改變的效果。

我們並沒有指派員工去做這些專責計畫；他們完全是自願參與的。儘管很多人對自己選擇的領域有一定的了解，但一開始不是專家也沒關係。我們只要求他們有興趣、具備好奇心，並且展現熱情即可。

「可能不會成功」是不嘗試的爛理由

我沒打算要撒謊，老實說，不讓員工分攤責任會比較容易——至少在開始的時候更輕鬆。這就是抱持「自己來比較快」心態的問題。如果你覺得訓練員工太花時間，才拒絕讓他們承擔重任，但到頭來這只會阻礙你成長。

起先，我們確實必須花費很多心力去監督執行專責計畫的年輕人，也得給他們很多鼓勵與建議。指導他人並不容易，路上還有許多顛簸。是的，我們得設置護欄，免得科克的啤酒服務讓我們虧損上百萬美元。一個剛從餐飲學校畢業的年輕人，和管理酒水有十年經驗的人相比，自然會犯更多的錯誤。

改正別人的錯誤比一開始就自己來更耗費時間，但這些短期投資可以帶來長期的好處。如果你堅持主管一定要有管理經驗，就不可能提拔一個有潛力的服務生來擔任這個角色。而且，從定義來看，如果等到員工獲得必需的所有經驗才給他機會，這個人永遠不可能在內部獲得晉升。**一般而言，在員工身上施加重任的最佳時機，就是他們還沒準備好的時候。**只要看到機會，這個人幾乎總是會加倍努力，以證明你沒有看錯人。科克最後當上麥迪遜公園11號的總經理——可以說我們先前在他身上的投資獲得了回報。

我也坦承，不讓人承擔重責大任更輕鬆的另一個原因在於，這麼做也許不會成功。我們就曾經因此得到慘痛教訓。比方說，你要找人負責桌巾計畫，這個人必須精明幹練、組織能力強、幹勁十足，還要很會管理庫存、控制支出，把桌巾櫃打理得整整齊齊、方便取用；絕對不能找不切實際的夢想家。

如果我們鼓勵員工嘗試，萬一沒成功也不能懲罰他們。我們應該幫他們找到另一個可以投身的領域。我一向認為「可能不會成功」是不去嘗試的爛理由。你不去嘗試，就不知道這或許是個好構想，能讓為你工作的人更願意為了使命效力。

最好的學習方法就是去教別人

我爸說，最好的學習方法就是去教別人。他也告訴我，要用準備上台報告的態度來準備考試。而我發現，如果把要學習的內容，當成是學起來馬上要去教別人的內容，就會學得更加透徹。

在麥迪遜公園11號，我把教學變成文化的一部分。

從專責計畫而生的合作精神對每一個人都是啟發，但是要求每一個人負責整個部門，則是很大的承諾。因此，當約翰・雷根開始舉行「快樂時光」週會，討論菜單上的葡萄酒、啤酒與雞尾酒時，我們鼓勵團隊參與會議，勇於上台報告。

比起負責一項計畫，上台報告一次更輕鬆，而且這樣做很有趣，畢竟在這裡工作的人都喜歡美食與美酒。不管是在酒吧喝了杯勃艮地葡萄酒後靈光乍現，想要知道更多那個地區的歷史，或是終於得以好好品嘗雪莉酒的滋味，而不是趁奶奶打橋牌時小口偷喝，「快樂時光」給他們一個做研究的理由，然後跟團隊分享自己學到的東西。

很快的，我們在「快樂時光」週會討論的主題，已經超越葡萄酒與烈酒。麥迪遜廣場公園就在我們巨大的窗戶外頭；有一名服務生介紹這座公園的歷史，讓我們可以和顧客分享相關的趣聞：棒球規則是在那裡制定、自由女神像的火炬曾經在那裡展覽、全美國第一棵社區聖誕樹於一九一二年在這裡亮燈。我們因此聯繫上哥倫比亞大學（Columbia University）的肯尼斯・傑克森教授（Kenneth T. Jackson），他是世界上最重要的紐約史權威學者。他帶著我們的團隊導覽整座公園與鄰近街區。

傑夫・泰勒（Jeff Taylor）則是對餐廳史如數家珍。每個月他都會挑選一間經典老派餐廳深入研究，例如一九三九年世界博覽會開幕的園亭餐廳。這間餐廳孕育出雅克・貝潘

（Jacques Pépin）這樣的名廚，在二十世紀下半葉為紐約人定義法式料理與精緻餐飲的樣貌。

傳菜員比利・皮爾（Billy Peelle）老是愛泡在紐約市立圖書館（New York Public Library），鑽研歷史上的菜單檔案紀錄。他以二十世紀下半葉至二十一世紀初菜單的設計與演化為題，做了精采的報告。比利的工作和菜單設計無關，那是我與平面設計師的任務。但他知道，這份研究能讓餐廳和歷史遺澤相互連結，這是我們必須捍衛並延續的東西。難怪多年後比利也當上總經理。

讓員工領導

「快樂時光」還有一個重要的附帶好處。通常而言，餐廳課程是由主管主導，而非員工帶領，然而隨著更多鐘點工作人員帶領課程，他們就表現得更像領導者。

我想乘勝追擊、更進一步。

我已經說過，對餐廳而言，每天最重要的領導時刻就是班前例會。在營業時間前，主管會站出來指導部屬、激勵團隊、建立共識。每週六，我們則把領導會議的責任從主管的肩膀上，移交到團隊成員手上。

領導班前例會，也就是要當主持人，依循我建立的範本來進行會議：先宣告有關薪資發放與醫療保險等的內部行政事宜，接下來主持人可以短暫聊聊讓自己感動或是獲得啟發的服務經驗。最後，侍酒師或副主廚會上場，報告酒單或菜單上的改變。

當然，如果你公開發言會怯場，中間的環節將成為一大挑戰。很多人會分享自己在麥迪遜公園11號服務顧客的故事，或在其他地方獲得的服務體驗，不管體驗是好是壞；也可以談論自己在餐飲領域之外的奇遇，就像我去理髮，店家最後給了我一小杯威士忌。只要能從這樣的體驗學到一課，知道如何讓顧客感到受寵若驚，都是很好的主題。

對鐘點員工而言，主持週六的班前例會可以讓他們有機會扮演其他角色，而且這個角色原本是由領導者負責。他們不只為團隊教育做出貢獻，自己也能獲得啟發。而且，要求團隊成員主持這樣的會議，或是在「快樂時光」週會上報告，還有一個意想不到的好處：每個人在公開發言時顯得更自在了。

我從來不怕公開演說。高中時，我參加過戲劇演出，也加入學生會。儘管如此，我還是遵照我爸的建議，在康乃爾選修演說課，強化自己的優點、補足自己的缺點。這門課對我影響深遠，我至今仍銘記演說最重要的一項原則：告訴他們你要告訴他們什麼，

告訴他們，然後告訴他們你已經告訴他們的內容。＊

我從這門課得到的另一個重要收穫是，**演說是一種領導技能。**傳達你的興奮情緒是一種有力的做法，能讓為你工作的人、你的工作夥伴投入。用能量與使命感染他們。

我們讓員工在「快樂時光」週會上報告、主持週六的班前例會後，不到幾個月，我們就看到驚人的變化。我更欣賞他們和顧客交流的方式：畢竟，點餐、為顧客提供餐酒搭配建議或是說菜，都是一種公開演說。在服務的過程中，他們給同事的指示也變得更堅定有力。

真正的轉變會在無形之中展現：他們開始以不同的方式看待自己。

強制的必要性

現今，「強制」在職場上是禁語。

領導者推行員工發展計畫時，通常會讓員工自由參加，因為他們預想員工應該會像自己一樣，為這些計畫激動興奮。但是，要人改變行為並不容易，有時你得讓他們親身體驗，他們才會欲罷不能。

這麼做不是為了剝削員工——他們既然花時間參加，公司就得支付費用。因此，強制員工參加不是壞事。

在麥迪遜公園11號，我們提供很多機會給想要合作的人。但是，有些人得先做出貢獻，才會知道這麼做感覺有多好。於是，我想出一些辦法來推動員工採取行動。其中一項就是規定某幾位新人必須和同事合作。

在我工作過的每一間餐廳裡，訂位組的辦公室總是亂得像垃圾堆。用餐區精緻漂亮，廚房一塵不染，主管辦公室裡的東西通常擺放得整整齊齊，否則會找不到需要的東西。員工更衣室裡的儲物櫃也都很整潔，因為這些地方要是髒亂，就會影響到團隊士氣。

因此，有些沒地方歸位的東西必須從用餐區移走的時候，最後就會被塞進訂位組的辦公室。酒水經銷商送的贈品杯？一盒多的聖誕節飾品？大家輪流翻閱的食譜？它們全都會被堆在訂位組的辦公室——這個房間就像餐廳的雜物抽屜。而且，所有餐廳的訂位組辦公室牆上，總有一個亂七八糟的公告欄，貼滿一大堆過期的公告與通知，經過的

---

* 譯注：這句話出自亞里斯多德（Aristotle），意指透過重複提及內容，更容易讓聽眾了解、記憶。

每一個人都視若無睹。

要讓新進員工了解企業文化，最好的方式就是讓他們和相信企業文化的人一起工作。但是，訂位組的員工通常單獨工作，或是和另一個人組隊工作，而且他們為了接電話，不能離開辦公室，因此無法參加班前例會，宛如企業文化的「化外之民」。然而，他們卻是第一個和顧客互動的人，我們希望他們能成為最好的宣傳大使。

於是，我們實行一項強制性的合作計畫，讓他們融入團隊。訂位組的新人一來上班，我們就會要求他們做一件事來改善辦公室。這不是邀請，而是強制規定，但是不管要大改造或是小改變都可以，就是非做不可。

我們必須一開始就表明，我們說歡迎合作是認真的。否則，主動想做事的人就會心生疑慮，不敢動手，反而擔心：「如果整理好公告欄，會不會得罪人？」

這項規定對新人和餐廳都非常有幫助。新人有全新的視角，可以看出其他人看不到的問題。

這樣做也能幫助他們熟悉新認識的同事。我們希望員工都能自在的請求協助或是發問，所以指配新人執行合作計畫可以作為起頭：「請問在這裡增設公告欄會有幫助嗎？要做的話，費用應該找誰討論呢？」更別提原來的員工或主管往往會因此感激不盡，心想：「我們怎麼能忍受這麼久？」

我經常告誡年輕主管，要推行任何計畫，最好慢慢來，切忌像抱膝跳水，濺起大量水花，而採行這項計畫似乎是在背道而馳，我也非常清楚。但是，這項合作計畫比較特別：因為訂位組員工是基層職位，授權給這些最資淺的人員，好處很多。

當他們一旦覺得自己能有所貢獻，就會有成就感，並積極找尋再次做出貢獻的方法。這也是我們在員工就職第一天想要溝通的重點：我們雇用你是有理由的。我們知道你能有所貢獻，而我們迫不及待想要看你能做些什麼。

傾聽每一個想法

如果你花很多時間鼓勵團隊做出貢獻，最好也讓他們知道，你的大門會永遠敞開，歡迎他們提出任何構想。不管做什麼事，都有更好的方法，因此我明白告訴大家：如果你有改善現況的想法，我都很想聽聽。

有人第一次對你訴說他們的構想時，請仔細聆聽，因為你的應對方式將決定他們日

後如何做出貢獻。若是你反應冷淡，就會澆熄員工的熱情之火，而且很難再點燃。

或許有人提出的構想你以前聽過，或是已經嘗試過，別馬上拒絕。也許他們是以你沒有想過的方式來思考問題，或是情況不同了，這個做法已經距離解決問題的關鍵不遠。

有時候，甚至有些人提出的構想簡直愚不可及。但這正是指導他們的好機會——請先好好聆聽，然後客客氣氣的解釋這個構想為什麼可能行不通。如此一來，員工談完之後會更有動力，同時獲益良多。請記住：在一個糟糕的構想背後，往往有個出色的想法。

偉大的領導者懂得打造領導者

並非每一個主管都認同這種強調合作的做法，特別是如果他們是從公司基層一步一腳印爬上來，就更沒興趣。這可能是內部晉升文化的問題，因為職權會帶來職責，如果要主管把責任交付出去，特別是得來不易的新任務，他們就會覺得被降級。

因此，我們要不斷提醒主管：偉大的領導者懂得打造領導者。**你不會想要握有一百把鑰匙，只要你有最重要的那一把，也就是大門的鑰匙——你就贏了。**一旦主管把某些責任下放，自然就有時間做出更大的貢獻。

我們最後能獲得這麼大的成功，鼓勵員工合作就是最大功臣：在我看來，合作為「超乎常理的款待」打下基礎。所以，每一項計畫都能突飛猛進，讓我們驚訝連連。我們獲得的構想都愈來愈新穎；老實說，我們最值得稱道的一些構想，都是源於這些計畫。我們的構想源源不絕，因為不只是我、丹尼爾與幾個主管在絞盡腦汁，而是每一個員工都費盡心思，思考如何做得更好。

賦予團隊超出他們預期的責任會產生驚奇的影響——我們交付愈多責任，他們就更有責任感。我們指導愈多，他們就愈了解我們要求他們學習的一切有多重要。他們有更多機會主持班前例會與「快樂時光」週會，就開始表現得愈來愈像領導者。他們愈常公開發言，就愈有自信心。

而且，由於團隊中每一個人都知道願景是集體創造出來的，我們都願意更加努力達成目標。

第十一章

奔向卓越

「威爾！我很肯定剛剛我帶位坐下的顧客是法蘭克・布魯尼（Frank Bruni）。」二〇〇六年底，領班氣喘吁吁跑到工作檯找我，眼睛瞪得斗大，告訴我剛走進餐廳的顧客是《紐約時報》的食評家。當一間餐廳出現在《紐約時報》的美食評論版上，一般會隔個幾年才再次受到品評，所以應該還輪不到我們才對。不過，如果有眾人矚目的新主廚走馬上任，有時會吸引評論家再度上門。我們一直希望我們的努力、更別提我們在餐飲界激發的熱潮，能使食評家興起再度光臨的念頭。

如果布魯尼現在人在我們的餐廳，代表評審季節到了。

我們不只把所有心力都放在思考《紐約時報》會怎麼評論麥迪遜公園11號的改變，甚至已經到心心念念的地步。

平心而論，這是很大的賭注。說得直接一點，就丹尼・梅爾旗下的餐廳而言，麥迪遜公園11號應該要有三顆星。聯合廣場咖啡館早就拿到三星，感恩小館是三星，塔布拉也一樣是三星。

但麥迪遜公園11號在一九九八年開幕後拿到《紐約時報》二星，二〇〇五年二月再度接受審查，仍只有二星評價。這個差強人意的結果讓丹尼決心改革，才會雇用丹尼爾與我。雖然我們兩人一直夢想未來能獲得四星，但現階段為了保住飯碗，更別說也為了保持我們的心智健全，我們需要拿下三星。

現在是時候了。

千萬次完美執行細節方能成就卓越

我承認，我是完美主義者。

如果我太太沒把車停正，我會重新停好；要是她把書擱在桌頭櫃上，放得歪歪的，我會重放、對齊櫃子邊緣；每次她整理好床鋪，我也會重鋪。（幸好，她對我這些舉動總是幽默看待。）我忍不住會注意這些不完美的地方，而且幾乎沒辦法阻止自己動手調整。為了我心理上的平靜，周遭的事物必須恰到好處——超乎常理的井然有序，並且物歸原位。

現在，我不會為這些事感到抱歉，但我以前不是這樣。從小到大，我總是會因為這些挑剔的行為情緒激動，還經常因此覺得難為情。大學時，同學不時會溜進我房間，把矮櫃上的物品移開幾公分，然後等著看我多久會把它再移回去。當然，我一眼就看出來了，於是趁沒有人注意的時候，偷偷把所有的東西推回原位。儘管大家是出於親暱才這樣戲弄我，這些嘲諷卻相當無情。

到麥迪遜公園11號工作之後，我才知道自己對細節的狂熱注重是一種超能力。雖然這不是我唯一過人的能力，但在我們為第一次評審做準備時，這種能力確實獲得鍛煉的機會，變得更強大。

對完美主義者來說，餐廳這一行很不容易——其實，任何服務業都是。因為這些行業完全依賴人力運作，不管有多努力，只要是人，都會犯錯。當你意識到不可能追求完美的時候，會出現兩種反應：也許你會完全放棄，或者全力以赴，盡可能接近完美。在麥迪遜公園11號，我們選擇後者。**也許我們不可能把每一件事都做到完美，但有可能把很多事情都做到完美。**這正是卓越的定義：盡可能把每一項細節做到位，愈多愈好。

大衛・布雷斯福德爵士（Sir David Brailsford）受雇擔任英國國家自行車隊的教練，目標是振興車隊。他致力於追求「邊際效益總和」，在眾多領域尋找可以改善的微小細節。他說：「這整項原則源於一個想法：如果你把自己能想到的、和騎自行車有關的一切都拆解開來，然後只要每一項都改善一%，全部累積起來就能有驚人的進步。」

這句話讓我產生深深的共鳴，我們正是這樣因應評審季節的來到。把完美當作目標會把人壓得喘不過氣，更別提這根本不可能達成——我們都心知肚明。但是，我們會設法接近這個終極目標，在領班告訴我法蘭克・布魯尼坐在三十二號桌時，我們早已經開始準備。

紐約每一間餐廳的員工更衣室與廚房，都把《紐約時報》食評家的照片貼在牆上。雖然食評家應該匿名，但新的食評家再怎麼清除自己在網路上的照片，一本舊書封面折口的照片，或是宣傳派對上的一張照片，仍會洩露他們的盧山真面目。（現在，食評家的照片通常很模糊，由另一間餐廳的經理偷拍，在業界流傳。）

不過，重點在於：能不能認出食評家根本就不重要。沒有哪一支足球隊可以接連二十場都打得吊兒郎當，之後卻異軍突起，打進超級盃。同樣的，一間餐廳怎麼可能一年三百六十四天都表現得普普通通，卻在食評家碰巧來用餐那天變得出類拔萃。

誠然，如果在食評家入座前認出人來，就可以把他們交給餐廳裡最頂尖的服務人員，確保端到他們桌上的每一道料理擺盤都最完美，把最好的一面呈現出來。然而，儘管餐廳可以拿出最好的表現給食評家看，卻不可能突然變成不同以往的一流餐廳——食評家也都知道這一點。此時此刻，這間餐廳的水準就是他們評論的對象。

這就是為什麼在這一刻來到之前，不知有多少個月，每一個晚上，我們都在努力使自己變得更完美一點。

再小的細節都不能放過

我們希望每一項細節都可以做到完美無瑕。

內場團隊通過嚴格的訓練，才能精準、品質一致的準備好丹尼爾的料理。內、外場的溝通順暢，可以確保每一桌、每一道菜的上菜時間恰到好處。

在用餐區工作的所有人都穿著燙得筆挺的制服，頭髮梳理得整整齊齊，指甲修剪得乾乾淨淨。每一件金屬餐具都閃閃發光，每一只玻璃杯都光潔透亮。

服務生對每一道料理都瞭如指掌——包括每一項食材的來源、怎麼備料與烹調。這個例子足以說明，為什麼以超乎常理的精神追求卓越，可以昇華款待的層次。因為服務生在上菜時不必慌忙，不會擔心自己忘記這道菜用了哪些食材。他們已經累積豐富的知識，如數家珍，自然可以專心和顧客交流。

我們訓練的範圍遠超出菜單與葡萄酒的知識，囊括環境裡各個層面的細微調整。因為我們的窗戶巨大，到了傍晚，燈光不能調得太暗，否則外面太亮、裡面太暗的對比會讓人不舒服。然而，由於每日日落時間不同（更別提從巨大的玻璃窗射入的光線，還會隨著天氣變化而大幅改變），燈光就不能自動化調整，或是按照單一的簡單規則來變更，像是：「晚上七點，亮度調到四級。」

我們必須指導負責調整燈光的人員，他們也得細心觀察環境的變化。或許更重要的是，他們要了解燈光對餐廳氣氛以及整體經驗的影響，而且必須體認到精準調整燈光的亮度有多麼重要。

同樣的，我們也花費好幾個小時，挑選音樂播放清單的每一首歌曲。如果餐廳空空蕩蕩的時候，音樂過於輕快活潑又很大聲，會讓人感覺自己像是第一個賓客，來到世界上最冷清的派對。因此，我們訓練站在大門迎接顧客的員工，根據來客數量調整音樂，判斷什麼時候應該從比較柔和的「空空如也播放清單」改為稍稍活潑的「半滿清單」等，同時調節音量。

燈光明暗與音樂播放清單等細節，都是每一間餐廳耗費心力處理的細節。不過，有些問題無法透過精進表現來解決——我們還得創新。

例如，大家都有這種感覺，在餐廳用餐的開始和結束，時間似乎變慢了。這時，只要有任何延遲，顧客都會非常敏感。像是等服務生送上第一杯水，或是等他們把帳單送來，都覺得像是等到天荒地老。因此，顧客需要的東西——不管是任何東西——我們都必須盡快送過去。

各位或許會想，趕快倒杯水不就好了。但是，麥迪遜公園11號不是街角的小餐館，不能在顧客才剛就座的時候，就拿起不鏽鋼壺倒水給他們喝。我們確實太慢才倒水了。因為領班會先問顧客想喝哪種水——冰水、瓶裝礦泉水，還是瓶裝氣泡水——然後找到負責那一桌的服務生，傳達顧客的偏好。接著，服務生再拿水送過去。由於我們餐廳很大，這套做法反而變得相當耗時。

我們在主管會議耗費很多心力，討論如何把送水的流程變得更有效率。我們最後從棒球比賽中找到解方：捕手如何跟六十英尺外的投手溝通？用手語。

領檯人員帶顧客入座後，領班會遞上菜單，詢問顧客想喝哪一種水。不久後，在沒人看得到的溝通方式下，甚至領班還沒離開，服務生就來到桌邊，幫顧客把要喝的水倒好了。

這不是魔術。領班已經悄悄把手放在背後，謹慎的用手勢把顧客的選擇傳達給同事；搖手指代表氣泡水、手豎直向下劈是礦泉水，而轉動拳頭則是冰水。

另一個問題是，餐廳人多的時候會讓人覺得雜亂熙攘。要提供無微不至的款待，需要很多工作人員，但是太多人在餐廳裡迅速移動，即使我們的用餐區空間已經很大，依然會使人感覺混亂。如果是在喧鬧的小酒館裡，服務生在餐桌間穿梭，氣氛就很活潑熱鬧；但在提供精緻餐飲的高檔餐廳裡，這種騷動會讓人不舒服。

因此，我們為工作人員設計了一套顧客無法察覺的「交通規則」。像是每個角落都有隱形的停止標誌或慢行標誌；餐廳裡的走道大都是單行道，人員則是以順時鐘的方向移動；如果是雙向通行的走廊，則必須像開車一樣，靠右貼著牆壁行走。

如同我們經常對工作人員說，你是在跳芭蕾，不是在打美式足球。那些隱形的交通規則能使他們遵循秩序在餐廳裡移動，不必互相閃躲，或是出言提醒同事「借過」、「小心後面」等。

顧客看不到這些祕而不宣的細微之處，但每一項細節都有助於營造一個舒適、寧靜、讓人沉浸其中的用餐氛圍。

怎麼做一件事，就怎麼做其他一百件事

我們必須時時刻刻達到高度精準的程度。為了讓員工調整到正確的頻率，我們要求他們從踏進大門的那一刻，就用這種方式來思考。

我們是這樣訓練人員擺放餐盤：如果顧客把餐盤翻過來，想看看製造商的名字，盤

底的利摩日（Limoges）瓷器商標應該正對著他們，不能上下顛倒。

這很荒唐吧，不是嗎？實在是完全超乎常理。也許一個月內會有一、兩位顧客把餐盤翻過來看，但在大多數的日子，沒有人會這麼做。如果真的有人把餐盤翻過來，他會認為我們是刻意這樣擺放的嗎？而且，有些顧客或許會用我們想不到的方式把餐盤翻過來，結果商標就歪掉或上下顛倒了。

這樣也沒關係——因為不管是否有人把餐盤翻過來，盤子以完美的方向擺好，任務就已經達成。

因為你怎麼做一件事，就怎麼做其他一百件事。而且我們一再發現，如果最小的細節都能做到精準，這種精神就能擴展到更大的事情上。要求布置用餐區的工作人員聚精會神的擺放每一個餐盤，就是要求他們為這一天的服務定下基調——他們應該如何迎接顧客、在用餐區內移動、和同事溝通、在顧客的酒杯注入香檳為這一餐揭開序幕，以及最後送上咖啡劃下句點。

關於華特·迪士尼（Walt Disney）有這麼一則故事：他在打造提基神殿（Enchanted Tiki Room）時，曾經質疑他的幻想工程師（Imagineer）。*工程師認為他們設計出來的電子鳥非常生動逼真，已經夠栩栩如生了，但迪士尼仍不滿意。他指出，真的鳥會呼吸，胸部會膨脹、收縮，這隻機器鳥不會呼吸。

幻想工程師很沮喪，提醒他說，在提基神殿裡有幾百項元素，讓人眼花撩亂，像是瀑布、燈光、煙霧、圖騰柱、會歌唱的花朵等，沒有人會注意到一隻小鳥，也不管這隻鳥會不會呼吸。[2]迪士尼反駁：「完美是可以感覺到的。」

也許人們不會注意到每一項細節，但所有的細節加總起來，會形成一股強大的力量。在任何偉大的事業中，儘管你精心雕琢每一個細節，也只有極少數人會注意到其中很小的一部分。但是，如果我能建立一套系統，要求團隊裡每一個人注意每一件事，包括最基本的任務，我就能創造出一個人人用心的世界，而顧客是會感覺到的。

用心布置用餐區使我們得以掌控所有可以控制的細節，即使有些無法控制的地方失控，我們也撐得住。在任何一個晚上，都有一百萬個問題可能把服務搞砸。例如，第一輪入座的五組顧客剛好都遲到，必然會拖延到幾個小時後第二輪入座顧客的時間；顧客可能因為失戀或工作不順利，煩躁的走進餐廳；濃縮咖啡機突然故障。

但還是有很多事情我們可以控制。我們可以確保桌布熨燙平整、潔白無瑕；每一只

＊　譯注：幻想工程師是在迪士尼公司內部設計主題樂園、把夢想化為現實的人。

Riedel酒杯杯腳上的商標，都必須和桌子的邊緣對齊；每一件擺放在桌上的餐具和桌子邊緣的距離必須相同——也就是大拇指第一指節的長度。

我們注意這些細節是為了帶來良好的顧客體驗，然而這些細節對我們的影響一樣深遠；我們也都能感覺出來。

正如走進一間精心布置的房間，人們的血壓會降低，也許那些完美的桌布能提醒慌張的服務生，不管情況有多糟，天都不會塌下來。也許看到那抹雪白純淨的色彩，搭配由同事精心擺放的酒杯與餐具，他們就能調整心態、深呼吸、保持平靜並溫暖的和顧客打招呼：「歡迎光臨麥迪遜公園11號。」

完美收尾：一英寸法則

你從廚房端來一道菜，小心翼翼的拿到用餐區，希望盤子裡的東西文風不動，和主廚原來的擺盤一模一樣——醬汁完美、細小的香芹維持原來的角度。然而，當你趕著做下一件事，盤子落在桌面時晃了一下。也許，魚歪掉一點點，或是上面的裝飾稍稍滑落下來。

如果你在最後一英寸鬆懈，就會前功盡棄。

很多人會說，這又不是世界末日，也許他們沒錯。但我相信，這個錯誤要比本來乾淨的盤子多了一滴不該出現的醬汁來得嚴重。

我們在麥迪遜公園11號供應的每一道料理，都是花費好幾週開發、測試，有時甚至得用好幾個月的時間才能完成。服務生煞費苦心的背誦相關資訊，向顧客描述種種細節，把料理變得難以抗拒。而廚師要完成這道料理得累積多年的訓練與經驗，才能完美呈現盤中的蛋白質料理，而其他六個部分則代表更多的辛苦與心血。

每一道料理都是由很多人，一個接著一個，通力合作才完成；每一個人都花了很多時間。如果你的工作是把料理放在顧客面前，你就是這許許多多連鎖環節的最後一環。如果在最後一英寸的地方，因為你一時大意，盤中的櫛瓜花翻倒了，你就會讓很多人失望——包括顧客，他們把好幾個小時交給你，期待你帶來驚奇。

不幸的是，人們往往會在最後一英寸的地方失焦，讓整個團隊的努力功虧一簣。這種事很常見，不只是發生在餐廳裡，我可以說出千百種和餐廳有關的例子——例如，在開門營業前一刻沒有檢查燈光與音樂的設定是否理想；在顧客離開時忘記送他到門口，沒能像個好朋友般親切道別。

對麥迪遜公園11號的團隊來說，一英寸法則既可照字面解讀——輕輕放下盤子——也是個隱喻，提醒我們不管做什麼都要注意當下，堅持到最後一英寸。

一英寸法則的概念很快就在麥迪遜公園11號傳開來。我經常聽到團隊成員在班前例會上說到這個概念，討論他們在其他地方感受到的服務體驗。更重要的是，他們已經琅琅上口。

我知道有一種卓越的文化正在生根、發芽，因為員工獲得晉升之後，會把傳遞這種文化給新人當作自己的任務。我們餐廳的老鳥帶新人時，我最常聽到的就是這個法則。

誰對誰錯並不重要

一個忙碌的週二晚上，一位顧客點了牛排與牛骨髓佐布里歐麵包，並說牛排要三分熟。牛排送上桌後，他再度把服務生叫過去。「我點的是三分熟，」他抗議道：「但這是一分熟。」

我站在一旁，看服務生糾正他：「先生，這的確是三分熟，如果您要五分熟，我可以為您送回廚房煎熟一點。」

哎呀。

根據烹飪學校教科書的熟度圖表，服務生說的沒錯。（對很多人來說，真正的三分熟要比他們想的更生一點。）我知道這個服務生絲毫沒有不禮貌的意思。

他會這樣辯護是想讓顧客了解，我們沒有做錯。他是團隊的一員，而我們正在努力拿下三星，甚至明擺著虎視眈眈的盯著第四顆星——一旦出錯，四星就愈來愈遠。

那位服務生的本能反應，是要立刻滿足顧客的需求——這是好的一面。但是，就款待精神而言，這並不重要。因為服務生糾正顧客時傳達的不是餐廳的自豪，反而是在指正顧客的錯誤：「先生，您並不知道什麼是真正的三分熟。」當然，這樣反駁只會讓顧客感到被羞辱、斥責，即使這不是服務生的本意。

因此，我們又回到老問題：如何在卓越與款待之間取得微妙的平衡。

如果你糾正顧客，因為你不想讓他認為你做錯了，反而才會犯下更大的錯誤。如果款待是為了建立真誠的連結，而這種連結只有在顧客放下防備之後才會出現。那麼羞辱顧客就會降低溝通的機會，讓你再也不可能建立良好的連結。

在追求卓越的過程中，我們盡可能把所有事情做對。同時，我們不能堅持自己是對的，這和我們的目標不合，因為我們衷心希望顧客開開心心在我們餐廳用餐。

我們要謹記：我們服務的對象是顧客，不是我們的自尊。正如丹尼・梅爾所說：「誰對誰錯並不重要。」與其解釋真正的三分熟是什麼樣子，我們必須先道歉：「您說的沒錯。對不起。」然後趕緊把牛排送回廚房，煎到顧客想要的熟度。

從那時候開始，麥迪遜公園11號出現一句新口號：「**顧客的感受就是我們的現實。**」

也就是說，不管上桌的牛排是一分熟或三分熟，若是顧客覺得肉太生，唯一可以接受的回覆是：「好的，我來處理。」真正的款待精神意味更進一步，盡己所能，保證同樣的情況不再發生——就拿這個例子來說，我們在訂位系統為這位顧客加上註記：「會點三分熟，其實偏好五分熟。」

儘管我們宣稱「顧客的感受就是我們的現實」，這項規則並不適用於出言不遜、傲慢無禮的顧客，而且我會讓所有員工都明白這一點。顧客不一定都是對的，如果你沒有為自己與員工設下清楚的界限，並界定不能接受的行為有哪些，每一個人都會受傷。這條線必須明確：我們對辱罵與傷害的容忍度是零。就這樣。

儘管如此，這種心態調適對團隊中每一個人來說都不簡單。有位很有能力的服務生告訴我：「明明是對的，還要忍氣吞聲，實在讓人耗神費力。」我知道她的意思。但是，如果能讓顧客高興，我們得到的認可會比因為「犯錯」而失去的更多。如果你覺得認錯是貶損自己的人格，才會覺得忍氣吞聲很難過。我提醒團隊，說聲對不起並不代表你做錯了。

不虛此行

二〇〇七年一月，《紐約時報》的一位攝影師打電話到餐廳裡，說要安排拍攝照片，配合幾天後要見報的餐廳評論。

丹尼爾和我都既興奮又焦慮，而且這些情緒其來有自。現在回過頭來看，對餐廳歷史和我們的職涯來說，這次的評論都是非常關鍵的轉折點。

謝天謝地，結果是好消息。布魯尼寫道：「各位上次注意到麥迪遜公園11號是什麼時候？如果是一年多前，請你再次瞧瞧。」[3]

我們力求卓越，終於看到成果。我們實現第一個目標：《紐約時報》三星評價。

結果揭曉後第一次開班前例會時，我們為內、外場每一個人倒了一點香檳，慶祝這得來不易的成就。

我告訴他們，要把今天的感覺保存一點起來，日後碰到困難時再拿出來激勵自己，因為我們還有很長的路要走。「好好幹！下班後玩個痛快吧——這是你們應得的獎勵。好好感受一切；享受這一刻。明天回來的時候，我們再繼續打拚！」

（丹尼說話算話。約定的時間到了，他就派合夥人理查・柯蘭來問我，是否依然沒有改變心意，想要離開麥迪遜公園11號，轉戰Shake Shack。我告訴他，我想我會再待上一段時間。）

第十二章

關係很單純，但單純不容易

我喜歡任何可以穿上燕尾服參與的場合。

因此，二〇〇七年五月，能穿上燕尾服去林肯中心參加詹姆斯・比爾德獎頒獎典禮，和湯瑪斯・凱勒、丹尼爾・布魯德等名廚一起走紅毯，讓我興奮莫名。

我們會參加這場盛會，是因為丹尼爾入圍年度新星大獎的決選名單；這個獎項只頒給三十歲以下的主廚。當時他剛滿二十九歲，雖然以前擔任舊金山坎普頓廣場餐廳主廚時也入圍過同樣的獎項，可惜最終鎩羽而歸。這是他最後的機會，我相信他能拿下這個獎。

緊張的一刻來了，頒獎人打開信封：「二〇〇七年，年度新星大獎，得獎的是——桃福的張錫鎬！」

丹尼爾大受打擊。雖然他是得獎熱門人選，但我們卻感覺自己徹底輸了。張錫鎬的餐廳顯示出一股和精緻餐飲相對的反動力量；他認為人人都該自由自在享受美食，不必矯揉造作、悶得透不過氣。我們也是這麼主張！丹尼爾和我盡一切努力證明精緻餐飲的價值，而且這些神聖的傳統可以用一種現代、有趣的方式重新想像。差別在於，張錫鎬站在精緻餐飲的對立面，而我們則希望麥迪遜公園11號能代表精緻餐飲的演化。

《紐約時報》的評論文章刊出之後，我們才開始覺得自己所做的一切並非徒勞無功。然而，那一晚，張錫鎬贏了，我們輸了。

這是沉重的打擊。因此，獎項揭曉後，我邀請好幾個朋友和我們一起回餐廳。即使我很心痛，也必須盡責，好好安慰丹尼爾。有福同享很容易，更重要的是有難同當，我希望丹尼爾感受到的愛與支持，和他獲獎時會得到的愛與支持一樣多。

後來，我們的慶功宴——把餐廳搞得天翻地覆的狂歡派對——成為業界無人不知、無人不曉的傳奇。不過，我們為自己辦的第一場派對卻是在敗北那一天。我想起有位明智顧客的建言：如果要開最好的一瓶酒來喝，不要在最得意的一天，應該在最糟的一天這樣做。

我向來不是會把負面情緒一掃而空的領導者。遭遇挫折後，我會告訴團隊盡管傷心難過：「各位，這實在爛透了。我們這麼努力、這麼認真，然而事與願違。我們應該誠實面對失望的情緒；這是事實，我們不必假裝自己不失落。」

好好面對沮喪的情緒，而且毫無疑問，你根本不必在這時喝難喝的酒。因此，在詹姆斯・比爾德獎頒獎那晚，理查・柯蘭去酒窖拿了幾瓶極品美酒。愛我們、相信我們的朋友都在這裡。丹尼爾・布魯德也來了，還做了炒蛋給大家吃，就像當年我還是大學生時那樣。（這回我可以提供比較像樣的廚房了。）

這不是一場狂歡派對，而是慶典。丹尼爾花費那麼多心力追求目標，也取得傲人的成就，這些都是詹姆斯・比爾德獎評審委員無法奪走的東西。就算我們輸了，這場頒獎典禮本身卻像是為我們吹響進場的號角：麥迪遜公園11號已經獲得同業的注目，我們多年來崇拜的偶像也注意到我們的存在了，這實在非常振奮人心。

儘管那是個難熬的一晚，但我們沒有被摧毀，因為我們一起做決定、互相提攜，我們的關係變得更緊密。

擁抱對立

餐廳工作很具有挑戰性：有一大堆事要做，而且要快。你得在樓梯爬上爬下，忍受廚房的悶熱，還得滿足顧客的種種希望與要求。餐廳團隊成員三教九流都有，必須學習處理好彼此的關係。

儘管我們已經達到穩定的境地，在麥迪遜公園11號工作的人都為同一個結果努力，每一個人都想要讓這間餐廳更好。然而，就如何實現這個目標而言，我們不時意見分歧。

無論這樣的意見相左會造成什麼樣的衝突，由於我們求好心切、渴望成功，彼此之間的摩擦就會變本加厲。我曾經在其他公司看過同樣的問題：由於每一個人都很注重任務，因而忘記關心彼此。集體熱情雖然是我們最大的一項優點，但這項優點卻岌岌可危，很可能變成危險的弱點。

我們致力建立合作、卓越與領導力的文化，卻也需要學習如何擁抱對立，否則努力建立的一切都會垮掉。

別帶著怒氣上床

關於蜜月旅行，有句老掉牙的話說：別帶著怒氣上床。雖然我已經結婚，但我不確定這是不是最好的婚姻建言，不過我同意這句話可以套用在職場關係上。

我們餐廳甚至把這句格言變成規則，在班前例會反覆提醒：如果你對同事或工作感到挫折或是有什麼不滿，不要帶著這些情緒離開；下班前一定要把事情說清楚。

在整間餐廳都忙得人仰馬翻時，看似小小的意見分歧，例如應該先把帳單送到二十八桌，還是先把二十四桌的甜點盤收掉，也可能演變成不可收拾的局面，讓兩個優秀人才從此水火不容，不再溝通。然而，由於我們已經在班前例會說過很多次，所以下班前，主管只要對發生衝突的兩個人講這句話就好：「別帶著怒氣上床。」

三十分鐘後，你就會看到那兩個服務生在走廊說話；隔天晚上，他們又在同一區並肩作戰、合作無間。

根據我的經驗，人們通常更希望別人聽到自己的想法，而非一定要別人同意自己的意見。即使發生衝突的兩個人都沒能改變對方的想法，至少他們已經表現出尊重，願意花時間聆聽對方的說法。就算兩人沒能達成共識，想出解決之道，他們爬上床睡覺的時候也會感覺輕鬆多了。

尋找第三個選項

我記得我和丹尼爾在第一次餐廳大整修後曾經大吵一架。

到提供精緻餐飲的高檔餐廳吃飯時，就座後顧客會發現桌上已經擺了一個大淺盤。這種淺盤只是裝飾，顧客用不到。而且在上第一道菜前，服務生就會把這個盤子收走。

我認為這種盤子根本沒必要。

在我看來，這種裝飾用的大淺盤正是教科書等級的例子，代表精緻餐飲領域中未經檢討的規則：如果這個盤子只是展示用，對顧客體驗完全沒有加分，而且很快就收掉了，這麼做有什麼意義？

但是，具備古典歐陸背景的丹尼爾則堅持，即使已經擺得很漂亮，沒有這些大淺盤，餐桌會顯得赤裸、毫無裝飾。

我們就這樣來回吵了幾個小時：我認為這些盤子沒用，丹尼爾則堅持這些盤子很美。為了打破僵局，有時候我們會交換立場思考。熱情的人很容易固執己見；當人們為了某一個立場爭辯時，就會固守這樣的立場。而交換立場能讓人脫跳固有的想法，不再一心一意想要吵贏，可以開始思考怎麼做對整個組織才有利。

很不幸，在這種情況下，交換立場沒用。

我不記得是誰提出了第三個選項，總之，最後有人把這個選項放到我們的談判桌上，也放上餐桌：我們保留大淺盤，而且讓它變得有用如何？

於是，我打電話給餐廳的優秀瓷器設計師喬諾・潘多菲（Jono Pandolfi）；他是我從高中就認識的朋友。於是，我們一起設計出一種大淺盤，中間保留了一個漂亮、沒有上釉的圓圈，圓圈的尺寸和我們盛裝開胃菜的碗底大小一毫不差，顧客可以品嘗這盤來自廚房的驚喜小點，為精緻餐飲的饗宴拉開序幕。

沒人能想到，我們這次的衝突反而碰撞出一個更優雅的款待方案；這是自己一個人絕對想不出來的選項。

對我來說，這些淺盤的象徵意義非常美妙。如果各位曾經到提供精緻餐飲的高檔餐廳吃飯，入座後會以為這些大盤子很快就收掉了。但是，這些盤子沒被撤走，反而留在桌上，準備帶給顧客驚喜。丹尼爾用這些特別訂製的美麗瓷盤來裝飾餐桌，我則可以放下執念，知道這些大盤子不是多餘的東西，也不是空洞的形式，而像是優雅的序曲，為第一道菜做好準備。

讓步

有一年的冬季菜單，丹尼爾想在起司之後上三道不同的甜點。我擔心用餐時間會因此拖太久，反而讓人分心。乳清雪酪真的很好吃，但真的有人會對一道雪酪甜點讚不絕口嗎？難道我們不能或是不應該快點進展到下一道料理嗎？

丹尼爾很固執。這幾道甜點是他的心血結晶，也總是仔細考量顧客對這一餐的體驗。我們來來回回，討論了很久，他最後說：「這對我來說很重要。」這就是他要表達的一切。於是我回到外場告訴團隊，我們必須控制節奏，提高上菜與撤收餐盤的效率。

有時候，培養良好關係的唯一方法，就是讓比較在意的一方照他的意思去做。這並不代表我不在意上了幾道甜點，畢竟如果你神經緊繃，緊盯每一個細節，每一件事都非常重要。但是，就甜點而言，丹尼爾比我來得更重視這件事。

這條規則有個不成文的附加條款，也就是我們都不能濫用「這對我來說很重要」的王牌，動不動就搬出這句話。不過，在大多數的情況下，我們發現，要是有一方願意放棄自己的立場，將有助於雙方建立信任。

然而，有時候我們還是必須纏鬥到底。

愛之深，責之切

我有一位好朋友是個脾氣很好、平靜斯文的人，也深受部屬的喜愛。一天晚上，我和他一起吃飯，他告訴我有名員工讓他受不了。這名員工有個壞習慣，愛跟資淺的人說新主管的壞話。

「我一直告訴他，不能繼續這樣做，」我朋友氣憤的說。「但我週五發現他故態復萌。似乎我怎麼說都不能讓他明白。」

「你試過大聲罵他嗎？」我問。

我在職場打滾多年，一直在努力消除不健康的職場文化。當然，如果說我在過去十年學到什麼，特別是在餐飲業裡，那就是放任霸凌、騷擾與操控的企業文化不只糟透了、也不道德，而且會引起不穩定、效率低下的問題。

然而，這並不表示企業文化應該百分之百甜蜜又輕鬆——而且，也不應該如此。員工管理可以歸結為兩項重點：你如何稱讚他們，以及如何批評他們。我必須強調，稱讚要比批評更重要。**但是，沒有批評，就不能建立任何卓越的標準。因此，以謹慎周到的方式來糾正員工，必須成為企業文化的一部分。**

理查・柯蘭最常說的一句話是：「待人要量身訂做。」他是指款待經驗：有些顧客喜歡你待在餐桌旁閒聊一下，其他顧客則希望你為他們點完餐後就消失在他們眼前。所以，你必須察言觀色，依照顧客的偏好來提供服務。

同樣的，管理員工也沒有放諸四海皆準的單一原則。

嘉利・查普曼（Gary Chapman）藉由一九九二年出版的《愛之語》（*The Five Love Languages*）拯救很多夫妻與情侶。他在書中描述人們表達或偏好接受的五種愛情表現（其中包括：服務行動、贈送禮物、肢體接觸、精心時刻，以及肯定對方）。

查普曼指出，我們經常會以自己想要接受愛的方式來表達愛，但這是不對的。舉例來說，你伴侶的愛情語言是服務行動，那麼依照對方的喜好沖調咖啡給他，要比突然獻上一個驚喜的親吻更好——即使後者才是你最喜歡的做法也一樣。

正如特定愛情表現對某些人來說有效果，會比用在其他人身上更適合，以愛作為出發點來糾正別人的時候，也要對症下藥。我不確定這種愛是否也有五種表現方式，但對一些人來說，好言規勸根本沒有用，他們需要一點刺激。

我剛開始和丹尼爾合作，就發現我們的管理風格截然不同。不一樣也是理所當然！因為我深受丹尼・梅爾「啟發式款待」的薰陶，活在友善溫馨、互相尊重的世界；而丹尼爾從十四歲開始，就在激進好戰的歐洲米其林三星餐廳廚房接受魔鬼訓練，在那種地方，咆哮與羞辱是家常便飯，比這個更過分的表達方式也很常見。

我們相處時，他總是彬彬有禮，但是關於他脾氣很糟的種種說法在員工之間流傳，我也因此和他多次討論這些傳言。「拜託，老兄，」我說：「你不會是那種瘋子主廚吧。」他聽完哈哈大笑，保證自己不是這樣的人——結果，一週後，我又聽說他在廚房發飆。

有一天，我剛好在廚房。一名廚師正在處理酪梨蟹肉捲，但擺盤方式出錯了。於是，丹尼爾一把抓起蟹肉捲，扔到廚師的臉上。

我看得目瞪口呆，不敢相信自己的眼睛。這是我萬萬不能接受的行為。

我把他拉到走廊，拖進辦公室。這是我職涯裡第一次對同事吼叫：「如果你再把食物扔到別人臉上，我們就一刀兩斷。你是很棒的主廚，我喜歡我們在這裡做的事，但是你必須現在決定自己想成為什麼樣的領導者。因為如果你要在廚房裡這樣搞，我就不幹了。你另請高明吧。」

不管我多會道歉、安撫別人，在那個水深火熱的週五夜晚，我的語氣終究洩漏了我的挫折。十五年來，從來沒有人聽過我大聲嘶吼，但那個晚上，有幾個人聽到了。在這種情況下，我只能採取極端的方式和丹尼爾起衝突——提高嗓門，並且給他最後通牒。

他再也沒有扔過蟹肉捲或任何東西。其實，他在我們合著的《麥迪遜公園11號：下一章》（*Eleven Madison Park: The Next Chapter*）限量版中親自提起這件事，還說這個事件和我的反應是讓他改變的轉捩點。

你必須了解和你一起工作的人。有些人會用務實的角度看待批評；如果你私底下不帶情緒的糾正他們，他們就會理智的接受指正。三分鐘後，他們會為自己的錯誤道歉，記取教訓，你們就能繼續聊昨夜紐約大都會球隊（New York Mets）的賽事。

有一些人則對批評很敏感。這並不一定是負面的特質，反而通常意味他們想把事情做好，只要接收到沒把工作做好的暗示，就會覺得非常受傷。不管你說什麼、用多麼溫和、婉轉的語氣提出批評，他們還是會有反應。因此，你最好花些時間思考如何給予回饋意見。聰明的做法是在事情發生後空出時間陪伴他們，這樣就能坐下來跟他們好好談談，表達你的關心。

然而，有些人就是聽不進你說的話，或是根本不想聽，除非你帶著怒氣。如果你的訓斥過於溫和、像是閒聊，對方就不相信你是認真的。面對這些人，你必須態度嚴肅，即使這不符合你的管理風格。

我那個脾氣很好的朋友說，要他提高音量斥責問題員工實在強人所難，但他還是這麼做了。聽聞此事，我並不覺得意外，也很高興，在管理員工方面，他終於有了真正的進展。

有一點很重要，也就是按照《一分鐘經理人》作者肯・布蘭查所言，即使是責備也得私下進行，而且不能帶有情緒。我把丹尼爾拖到辦公室時，也許講話大聲了一點，但我仍注意說話的分寸；我的確非常憤怒，但是沒有把情緒用言語或行動表現出來。批評必須針對行為，而不是針對人，提高嗓門並不代表失控或憤怒。（說真的，你絕對不能失控，被憤怒沖昏頭。）沒錯，責備對方也是一種愛情語言的表現，只是比你偏好的方式還要大聲、比較嚴厲。

我應該在這裡提醒，有一種責備方式永遠無法達成目的，也就是挖苦諷刺。主管有時候會用幽默來掩蓋批評，因為訓斥部屬對他們來說比較困難，年輕主管特別會這樣。但是，**挖苦諷刺絕對是錯誤的媒介，會讓人無法正經溝通。**這樣做不僅貶低被批評的人，無法傳達你要表達的意思，而且說實在的，也會貶低你自己。

對大多數人來說，讚美很容易，這也是當老闆有趣的地方；但是，批評人的時候就難了。因此，我花費很多時間和主管討論這件事——如何批評別人、如何接受批評，也許更重要的是，怎麼看待批評。我們都希望受人喜歡，但是當你告訴一個人怎麼做會有所不同、變得更好，可能會面臨風險，最終失去他們的善意。因此我總會說，要表示對一個人的關心，最好的方法莫過於願意提供改善的意見；因為這麼做代表你把他人的需求置於自己的需求之上——這就是款待的真諦。**讚美是肯定，但批評是投資。**

無論位在哪一個職場階層，聞過則喜非常重要。當你辜負別人的期待、沒有達到標準，自然會感到有點不滿，特別是你一直非常優秀，為自己的工作自豪，這種情緒就會更顯著。但是，如果你一直抱持防禦心態，總是反駁、強辯，不願認錯，堅持自己是對的，最後就沒有人接近你、提醒你了。畢竟，是你讓他們很難繼續說下去，他們不會再在你身上投資，而你也因此不再成長。

用人要慢，炒人要快——但也別太快

一天晚上，有個主管向我報告，我們最優秀的領班（姑且叫他班恩）在上班時間喝酒，被他逮到了。如果餐廳不允許員工值班期間喝酒，有人違規就該二話不說，立即解雇；我們餐廳規定員工不准上班喝酒，但有些餐廳允許這樣的行為。我沒有立刻讓這名領班走人，而是叫他過來，坐下來一起談談。

「我希望你說實話，你昨晚值班時喝酒了，對不對？」

他低著頭。「是的，很抱歉。如果你因為這件事把我解雇，我完全理解。」

我回答：「我還沒開除你，但我很難過。你不是讓我失望，或者我應該說，你不只讓我失望，也讓團隊失望。你應該是領導者，但你沒有負起責任，甚至在值班時喝酒。」

「現在你有兩個選擇。馬上就走，我們握握手，我會感謝你長久以來的付出與服務，以及你為這間餐廳的成長所做的一切。接著，你把置物櫃清空後就可以回家了。」

「不過，如果你想要留下來，明天就休息一天，後天再來，向昨晚和你一起工作的同事道歉。告訴他們你做了什麼、為什麼做錯，以及為什麼你感到抱歉。你得保證再也不會這樣做，而且你也得知道，一旦再犯，我會當場解雇你。」

要班恩向同事說這些話並不容易。他是個嚴格的領班，總是立下很高的標準。如果你在他手下工作，他會緊盯著你，要你負起責任。不過，脆弱是一股很大的力量。由於班恩認真負責，曾經對他生氣的人都原諒他了。

幾個月後，班恩又在值班時喝酒。我言出必行，馬上把他解雇。（這次事件為他敲響警鐘。他恢復往常的水準，日後在餐飲界闖出名聲，我真心為他感到開心。）但我也不後悔給他第二次機會。

和你共事的人永遠不會成為你真正的家人。但是，這並不代表你不能努力把他們當成家人對待，也就是說，我們可以根據一句管理上的建議「用人要慢，炒人要快」稍微調整做法。

我的確相信「用人要慢」。在新人加入團隊的頭幾個月，你得仔細觀察這個人是否合適，或者只是需要一點支持就能成功。如果你發現組織裡有害群之馬，則必須盡快開除，不要拖延，以免團隊平衡遭到破壞。

不過，你也不會因為家人犯了一個錯，就把他趕出家門，不是嗎？所以上面那句話應該修改為：「用人要慢，炒人要快——但別太快。」

創造自己的傳統

二〇〇七年，我們餐廳破天荒在感恩節那天開門營業。

丹尼旗下的餐廳從來不在重要節日營業，例如感恩節、聖誕夜、聖誕節或元旦。這

是丹尼的好意，他寧願犧牲這些節日的營收，也想讓員工休息、和家人歡度佳節，

但是，我希望麥迪遜公園11號在感恩節那天開門營業。

去找丹尼之前，我先跟他的合夥人保羅・波雷斯－貝文（Paul Bolles-Beaven）商量。「他絕不會同意，」保羅說：「這是我們餐飲集團文化非常重要的一部分，而且已經行之有年。」

但是，丹尼總是樂於接受挑戰，如果你提出的想法是深思熟慮的結果，他會聽你說。因此，我向他表明理由。從一方面來看，儘管感恩節放假一天、跟家人一起過節非常棒，然而大多數在紐約餐廳工作的人都不是紐約本地人，所以對大多數員工來說，只放這一天假也無法回家過節。

另一方面，有了感恩節一整天的營業收入，元旦假期就能多休幾天，讓員工有足夠的時間回家。我們依然保留員工福利，但這樣的休假安排才能讓他們真正好好利用。

丹尼同意了。

丹尼願意重新評估這項節日政策，也讓我因此了悟到：**企業中沒有任何一個層面應該變成不能重新評估的禁區。**每次我總會用這個故事來鼓勵員工，要他們勇敢提出構想。我總說：「不要覺得不好意思。即使我們為現在的做法感到自豪，或者即使某一件

事已經根深柢固，也不表示我們不能做得更好，提出更優雅、更有效率、更有創意的做法。沒有什麼是神聖不可侵犯的。」

那年，我們第一次在感恩節營業，一開放訂位就秒殺了。畢竟在紐約，感恩節那天沒有幾間高檔餐廳會開門營業。因此，這天成了我們一年中最繁忙的日子。年年皆是。

這一天也是最好的上班日，我們餐廳的人甚至得搶占值班名額。我也很喜歡在這一天上班，所以每年的感恩節從不休假；結婚之後我也照常上班，只是會提早離開。

由於感恩節是美國特有的節日，丹尼爾對這個節日不太熟悉，因此我們跟他的副主廚一起研發菜單。這一天，我們只開放一個用餐時段，但是把用餐時間拉長。當天最後一位顧客離開後，全體員工會一起坐下來吃我們自己的感恩節大餐。

對團隊來說，這是真正的感恩節，就像我在長大成人期間慶祝過的感恩節，有美味的食物、家人團聚用餐，以及彼此表達感謝。我們把桌子併起來，在富麗堂皇的用餐區中央拼成一張巨大的桌子。接著把菜夾到盤子裡，開幾瓶酒，讓大家輪流發言，這樣所有人就可以分享自己覺得值得感謝的事。

當天廚房也會準備好員工要吃的餐點。我們的感恩節晚餐不是關店後才張羅，也不是用顧客吃剩的食材再次加熱製作。我們吃的料理和顧客吃的料理完全一樣，只是以自助餐的形式供應。同時，我們的飲務總監約翰‧雷根會拿出一大堆酒，都是酒商主動送來試喝的，所以我們有很多好酒可喝。

每一年的勞動節，佛洛伊德‧卡多茲主廚跟他優秀的太太，都會在紐澤西的家中舉行烤肉派對，邀請塔布拉的員工參加。負責烤肉的佛洛伊德脫下雪白的廚師袍，穿著看起來就像個老土的鄉村歐吉桑，我們卻因此更尊敬他。他的言行告訴我：我可以做自己，不會失去主管的尊嚴與威信，而且我也應該這麼做。

我們餐廳的第一次感恩節大餐，以及之後每一年的感恩節，我都是第一個向大家舉杯敬酒的人。我說的是心裡話。我告訴他們，我很感激終於有一個地方讓我不再需要隱藏自己的神經質，也毋需因此感到尷尬。這句話引起一陣笑聲，不只是因為每一個人都領教過我的完美主義，也因為每一個人都曾經怕被嘲笑，所以假裝自己沒有那麼在意。但是，在麥迪遜公園11號，我們都有一種歸屬感。每一天，同事總是會不斷發起挑戰，督促我們變得更好；在這裡，我們根本不可能會退步。

接著，我們聚在桌邊輪流致詞。酒過三巡之後，平常內斂、不輕易表露意見的人也開始分享想法。看到大家抓住機會開放心胸、和同事坦率分享情感，我真的很感動。

具備款待精神天賦的人通常很敏感，什麼事都逃不過他們的眼睛。他們感情很深，而且非常在乎、關心周遭人事物。這些都是超能力，但他們的柔軟脆弱會讓主管很頭痛。我聽過很多主管深感挫折的抱怨這些員工：「他們好煩，需要一堆肯定與關注！我得陪他們做每一個決定，牽著手教他們怎麼做！」

但這些特質正是這些員工表現傑出的原因；他們必須有敏銳的觸角。服務生要有同理心，才能察覺到顧客是否不習慣餐廳的氛圍，還能適時的靈活調整、別太拘泥於形式，以免讓顧客覺得服務生在擺架子。如果服務生的危機直覺告訴他們，某一桌因為上菜速度太慢感到不耐煩，甚至可以在顧客抱怨之前，先查看主菜的狀況並且道歉。或是當某一桌的氣氛不大對勁，具備過人感應能力的服務生只要接近就會感覺到，這樣他就可以放慢上菜速度，讓顧客先解決問題，才能好好享受這一餐。

我知道敏感的員工需要多一點時間與關愛。不過，讓員工在感恩節大餐上敬酒致詞，就為他們創造出一個空間得以卸下心防、和同事交心；而且，所有人都需要這樣的空間。**如果你不為員工創造一個空間，讓他們和其他團隊成員互動，感覺自己被看見、被聽見，周遭的人就無法完全了解他們。**

要打造有層次、細緻巧妙的企業文化，其中一步就是建立自己的傳統，就像我們在感恩節做的一切。在我爸經常引用的話裡面，我最喜歡的一句是：「快樂的祕訣就是有所期待。」這也正是在新冠肺炎的封城時期，除了感到恐懼與悲傷，大家都覺得很不好過的原因之一。人們無法去電影院、不能看球賽，甚至去餐廳來一場晚餐約會都是奢求，如何能夠打起精神？

在組織內部也是如此，特別是在大家全力衝刺的時候。我們曾為了摘下三星奮鬥，但這番努力和後來的拚死拚活相比，根本不算什麼。每一年，我們都需要值得期待的東西，感恩節大餐就成為我們滿懷期待的一項美麗傳統。

對健康的企業文化來說，這種新的傳統不可或缺。那麼，休息室裡的生日蛋糕呢？除非員工愛吃蛋糕而且期待慶生，否則效果不大。**一項新傳統必須真實可靠，才能發揮作用，也就是說，它得具有真正的目的、能夠滿足真正的需求。**這絕對是我們感恩節大餐成功的關鍵，畢竟在重要節日，餐廳員工總是感覺自己像《小飛俠》（*Peter Pan*）中那些失蹤的孩子——無人疼愛，餓得眼冒金星。

儘管員工會在開始工作前一起吃飯，在英文中這一餐又稱為「家庭餐」（family meal），大家卻總是趕著填飽肚子，準備幹活。直到大家一起吃感恩節大餐，我們才覺得像一家人坐在一起吃飯。

第十三章

利用肯定的力量

羅萊夏朵（Relais & Châteaux）是由全球頂尖的獨立餐廳與獨立飯店組成的聯盟。要加入這個聯盟不僅必須付費，還得遞件申請，審查標準是出了名的嚴格。隸屬這個聯盟的大多數餐廳或飯店的建築都是歷史地標，聯盟內的餐廳也都是一流的。為了讓各位了解我們想躋身進入什麼樣的組織，請見下列說明：我們提出申請書時，在美國的餐廳會員包括法國洗衣坊、丹尼爾餐廳、勒柏納汀餐廳、小華盛頓飯店（the Inn at Little Washington）、尚・喬治餐廳，以及本質餐廳。

不論米其林星級或《紐約時報》的好評，都不是想要就能到手的東西；你得努力不懈，盡力做到最好，希望評審人員有一天出現在餐廳裡。至於羅萊夏朵，只要你認為已經準備好，就可以提出申請。二〇〇八年，丹尼爾和我都認為時機已經成熟。

《紐約時報》給我們的三星好評對生意與士氣都大有幫助。雖然我們瞄準四星的雄心已經不是祕密，但至少要再等五年，食評家才會再度上門。為了維持前進的動力，我們希望獲得另一個有公信力的外部組織認可：「這是美國最棒的餐廳之一。」然而，這樣的組織不多。

我們跑去問丹尼能否申請，他說不行：「抱歉，我們還沒準備好。我覺得需要再等一年。」我們垂頭喪氣的離開了。丹尼已經說過我們還沒準備好，誰會比他更清楚狀況？

然而，我一直無法釋懷。每晚，我都看到團隊成員全力以赴、合作無間，表現得可圈可點——我很肯定丹尼搞錯了。

因此，我回去找他，再問一次：「你是說我們不能申請？還是指我們不應該申請？」我鼓起勇氣提問。這些話從我嘴裡說出來的時候，儘管我沒有這個意思，卻顯得咄咄逼人。我相信丹尼知道我的立意良善——我們為自己在麥迪遜公園11號做的一切感到驕傲，而且有雄心壯志，希望全世界都能注意到我們。

丹尼了解，也和往常一樣信任我們。他告訴我：「我不像你們那樣投入。而且，你再次來到我面前、挑戰我，和我說我不知道的一些事。如果你們認為已經準備好，想要申請，就去做吧。」

於是我們遞交了申請書，卻收到一封電子郵件，告知我們超過申請截止日期。就在我們第一次詢問丹尼和再次去找他之間，剛好錯過截止日期。我們必須再等一年，才能提出申請。

幾天後，我跟丹尼爾•布魯德聊天；先前正是因為他的鼓勵，我們才決定提出申請。我告訴他：「我們晚了一週提交申請書，已經錯過截止期限，得等到明年才能再申請了。」

「喔不，不行，」他說：「不應該這樣才對，我來看看能幫上什麼忙。」

幾天後，他打電話給我，釋出極大的善意，表明願意主動和羅萊夏朵聯盟聯絡，為我們背書。他說，如果要有影響力，得請其他名廚一起向羅萊夏朵推薦我們。他甚至客氣的說，他們必須先來餐廳吃頓飯，畢竟要真的吃過才能推薦。

因此，丹尼爾・布魯德、法國洗衣坊的湯瑪斯・凱勒，以及小華盛頓飯店的派翠克・歐康奈爾（Patrick O'Connell）在一週後大駕光臨。

員工看到三位名廚一起坐在七十四桌，覺得像是作夢。想像一下，這就像是大衛・鮑伊（David Bowie）、米克・傑格（Mick Jagger）與保羅・麥卡尼（Paul McCartney）這三位天王巨星到你工作的地方用餐、喝酒。對我們來說，這三位神廚一起現身反而更讓人興奮。

對我和丹尼爾來說，這一天是個大日子；我們的員工更是欣喜若狂。我知道原因：丹尼爾和我會跟其他餐廳業主一起參加慈善晚宴與活動；我們和全國各地的名廚、侍酒師一起參加詹姆斯・比爾德獎頒獎典禮。這表示我們餐廳在世界上的能見度愈來愈高，甚至能從我們崇拜的人口中聽到，我們做的事讓他們有所啟發。

我和丹尼爾努力把這種興奮的情緒感染給員工。如果餐廳獲得媒體好評，我會在班前例會把文章大聲念出來；如果收到顧客或其他餐廳老闆讚美我們的電子郵件，我也會讀給大家聽。丹尼爾・布魯德第一次提起，他認為我們應該申請加入羅萊夏朵的時候，我非常激動，迫不及待想告訴團隊，我對他們達成的一切成就多麼感到驕傲。

但是，當三位名廚坐在我們的餐廳裡，對我們的團隊讚不絕口，我就知道讓員工親耳聽到讚美的意義有多麼重大。在那晚之後，我開始盡可能運用外部人士的肯定，來提振團隊的士氣。

分享榮耀

我在現代藝術博物館工作時，《暫停紐約》雜誌（*Time Out New York*）裡有一篇關於二號咖啡館（Café 2）的短文提到我的名字。

在一本涵蓋眾多主題的週刊裡，這篇占四分之一頁版面篇幅的報導只能算是花絮。但這是我的名字第一次出現在媒體上，我真的很自豪，還跑去報攤買了好幾本雜誌，寄了一本給我爸。

所以，當麥迪遜公園11號愈來愈常出現在媒體上，我希望聚光燈能照在值得注目的員工身上，讓他們成為眾所矚目的焦點。如果公關人員和我聯絡，要介紹餐廳的啤酒計畫，我就會請他們去找負責人科克・柯勒維，並且確保出現在文章裡的是科克的名字。

如此一來，不但可以讓科克得到應得的功勞，也能讓團隊的每一個人見賢思齊：讓我思考一下，我也想得到這樣的認可。

遺憾的是，我們更常看到把功勞攬在自己身上的人。人人都該正視這個問題，大聲訓斥：**不要搶別人的功勞。**

我已經數不清有多少次，翻開《美食》（*Bon Appétit*）或《美食與美酒》雜誌的時候，看到主廚提供的食譜其實出自他們餐廳的天才副主廚，或是某間餐廳的老闆吹噓他們研發的酒水計畫有多讚，卻不提那項計畫是侍酒師的心血結晶。

其中有一個例子特別厚顏無恥。一天下午，我在滑Instagram的時候，看到一位名廚張貼餐廳招牌料理的照片，訴說他如何找到這道料理的靈感。其實，這道料理完全出自餐廳副主廚的巧思，包括獨特的擺盤方式也是他的傑作。所以不久後，這位副主廚便另謀高就——這實在不教人意外。

我已經常常得到媒體的關注，而且我不需要全世界都認為我是啤酒行家，畢竟在科克告訴我啤酒的美妙之處以前，我甚至覺得皮爾森啤酒（pilsner）和胡椒博士碳酸飲料（Dr Pepper）喝起來差不多。其實，身為領導者，我更開心能提供科克機會，讓他打造出獲獎的啤酒計畫，也寧願自己是因此而獲得關注。

我有些朋友在其他餐廳擔任主管職，他們認為這種策略很危險。每次我們餐廳的員工在媒體上獲得好評，他們就緊張兮兮的警告我：「他們會被挖走的！」

從某個層面來看，他們說的沒錯。當一個人愈受矚目，工作機會也就愈多。但我寧可根據希望來做決定，而非基於恐懼。我的責任就是把底下的人照顧好，讓他們不想離開。總體來說，這麼做的確有用——也許是因為大家都明白，我們正朝向偉大的目標而努力，我們雇用的人才都能感覺到這種氛圍。

有時候，我們耗盡心思培育的人才最後還是離開了。我的理念是：那就順其自然吧。人往往想要力爭上游，我寧願他們離開時覺得自己是英雄。如果我們培育的人在其他地方表現非凡，這對我們來說，也是好事一樁。

儘管讓員工出風頭會有風險，但這麼做還是值得。因為當員工之中有愈來愈多小明星，在餐廳外面排隊、想和我們一起工作的人也就愈多。而且，我和丹尼爾也可以因此減輕壓力。隨著每一篇文章的曝光，來餐廳用餐的顧客會慕名而來，想要和他們聽聞或是在報章雜誌上看到的員工見面聊聊。

我知道，並非所有行業都像餐廳那樣，可以獲得媒體的青睞。但是，每一個企業都有外部利害關係人，像是董事、社群媒體追隨者，或是所屬社群的成員。如果這些外部人士發現你們做得很好，讚賞你們，就可以好好利用這樣的肯定。而且，**當你獲得外部的肯定，一定要導向負責人，讓他們居功。**

如果你聽到經銷商稱讚採購負責人總是準時寄出訂單，就得把負責人找來接電話，請經銷商再說一次給他聽。如果投資人注意到你們總是及時呈交報告，寫得既詳細又清楚，你就得把負責整合這份報告的會計找來參加會議，讓他們親耳聽到這些讚美。

善用手邊每一種工具

如果我們餐廳的服務生或主管在款待方面表現優異，我一定會讓聯合廣場餐飲集團的高層知道。

沒錯，這也是和高層維繫關係的一種方法，可以讓他們知道我們已經鎖定目標，努力不懈。我很樂意向他們報告，我的團隊表現得很棒。但是，我轉寄顧客表示讚賞的來信給丹尼不是為了邀功，而是讓他可以在下次到訪餐廳時運用這些訊息。

如果丹尼收到我轉發的電子郵件，顧客在信中稱讚我們的服務有多讓人開心、多周到，就可以私下和當天值班的領班道謝。如果丹尼知道訂位組的同事提供超出職務範圍的服務，就為了幫來餐廳慶祝紀念日的顧客保留訂位，就可以當面稱讚他做得很好。

身為領導者，你必須善用工具箱裡的每一種工具來培養、提振士氣。這是主管應該日復一日追求的目標——但是，要做到這點並不容易。我希望團隊成員尊敬我，受到我的啟發，如此一來，我的一句肯定就能產生很大的影響力。不過，現實是，我們是朝夕相處的工作夥伴，我說的任何一句讚美都比不上集團高層的認可。特別是丹尼・梅爾，大家都尊敬、愛戴他。

領導者總希望在團隊成員眼裡，自己就是終極權威人物，因此他們不讓團隊成員接觸老闆。這是缺乏信心、目光短淺的做法。我在塔布拉的老上司蘭迪・賈魯提從不擔心丹尼・梅爾稱讚我，我就因此不尊敬他；因為，他只會看到我因此更加努力。

我比任何人都清楚，丹尼一句感謝的話就像火箭燃料。與其為此感到不安，不如把它變成集體的優勢怎麼樣呢？因此，我不斷轉寄顧客的來信給丹尼，好為所有員工與部屬加油打氣。

唯獨堅持與決心可以創造無限可能

服務丹尼爾・布魯德、湯瑪斯・凱勒與派翠克・歐康奈爾用餐，讓餐廳裡每一個人都抬頭挺胸。超乎常理的精神正在發威，大家都感受得到。

這三位主廚也感受到了。他們都寫信給羅萊夏朵聯盟，說我們是紐約最好的餐廳之一，如果再等上一年才審查，將會是一大遺憾。

（說來諷刺，這三位美國最知名的主廚親自為我們寫的推薦信，雖然是一份遲交的申請表，卻遠比我們原先在截止日期前打算提交的申請表更強而有力。）

羅萊夏朵派了祕密客來審查；我們不知道來的人是誰，也不知道他（們）什麼時候來過。不過，他們顯然吃得很開心，因為幾個月後我們就收到評鑑過關的通知，獲准加入聯盟了。

把羅萊夏朵的牌匾掛在餐廳門外是很大的榮譽；對於出身歐洲的丹尼爾來說意義更

重大，因為在歐洲，能加入羅萊夏朵聯盟是崇高的榮耀。這也是第一次有權威性的餐飲聯盟認為我們可以躋身丹尼爾餐廳、勒柏納汀餐廳、尚・喬治餐廳與本質餐廳之列。

在這之前，還有一塊牌匾更早出現在我的人生中。小時候，我爸曾送我一塊牌子，上面刻了他最喜歡的一段話，出自美國前總統卡爾文・柯立芝（Calvin Coolidge）。我把這塊牌子掛在臥室，後來掛在大學宿舍。現在，這個牌子則掛在我書桌上方。

那段話的內容是：

> 在這個世界上，沒有任何東西可以取代堅持。
> 才華不能；一事無成的才子比比皆是。
> 天賦不能；懷才不遇幾乎琅琅上口。
> 教育不能；這個世界有太多高學歷的無業遊民。
> 唯獨堅持與決心可以創造無限可能。

一開始丹尼說我們還沒準備好的時候，乾脆放棄申請根本輕而易舉。的確，如果我說服他讓我們申請，結果卻被羅萊夏朵聯盟拒絕，將會讓人羞愧萬分。但是，如果你碰到阻礙就放棄，將永遠無法登峰造極，特別是第一次碰到障礙時的反應更重要。我們必須願意接受失敗。

獲准加入羅萊夏朵之後，我們動力大增，銳不可擋。羅萊夏朵的肯定讓很多人打算重新審視我們。我們善用這項榮譽，也因此走得更遠。看到三位名廚的光臨對團隊帶來的影響，讓我因而了解，要是善加利用肯定的力量，將會為企業文化帶來極大的價值。毫無疑問，受到讚美會讓人感到感覺良好，而多巴胺的作用很快就會減弱。你必須刻意利用讚美來鼓舞、啟發、提升團隊，才能推動他們進入全新的境界。

第十四章

恢復平衡

野心的力量非比尋常，宛如能夠提供無限能量的核子反應爐。獲准加入羅萊夏朵聯盟讓我們嘗到成功的滋味，而我們想要的東西很多……比現在多更多。

那時是二〇〇八年，我二十八歲，未婚，還沒有孩子。麥迪遜公園11號就是我人生的一切。

而且，不只是我，整個主管團隊也都被野心吞噬。我們一直在努力，為自己也為餐廳訂立很多不合理的目標，並且以此督促自己前進。

我們希望麥迪遜公園11號成為四星餐廳，而不只是很棒的三星餐廳。

所有主管都非常想達成這項目標，這股熱情讓我們每一天都在努力追求這項目標，團隊成員也是，人人都完全投入工作。於是，外場團隊猶如一支精銳部隊，積極進取，想要改善每一個微小的服務細節，彷彿把工作變得複雜就愈有機會贏得比賽。而在廚房裡，主廚丹尼爾與內場團隊為料理增添更多巧妙的細節。準備清單愈來愈長，技巧也更加繁複。我們都不遺餘力，致力把顧客體驗推向新的高度。

我們表現超群。

然後，有一天晚上十一點，一位早班廚師慌慌張張跑進來。她原本應該早上九點上班，卻因為失眠、壓力太大，變得迷迷糊糊，以為自己遲到兩個小時。其實，她早到了十個小時。

或許當時還有其他跡象顯示我們衝太快，但這件事讓大家緊急煞車、心驚不已。那一刻，情況很清楚：我們被野心把持。我們的核子反應爐正在熔毀。

很多文章都提醒領導者要向前看、放眼未來；在我看來，領導者還必須保持警覺往下看、注意腳下，但這方面的討論並不多。我們就像卡通裡的威利狼（Wile E. Coyote），只想著要追上嗶嗶鳥（Road Runner），不知不覺跑過頭，從懸崖邊掉下去。我們一直專注於增進顧客體驗，卻忘了管理我們的文化。

我們已經失衡，現在必須恢復平衡。

欲速則不達

芝加哥的博卡餐飲集團（Boka Restaurant Group）共同創辦人暨執行長凱文・班姆（Kevin Boehm）來我們的歡迎研討會，分享一場動人的演講。他說自己曾歷經一段艱難時期，然而當時他人生裡所有的一切都一帆風順。

他對聽得入迷的聽眾說，他一生都在舉手說「好」，害他誤以為這是讓他陷入憂鬱與焦慮的原因。後來，他才恍然大悟：

只有給自己時間復原，
我才能成為真正的我，
能夠激勵人心、恢復精神……不是被動接受，
而是主動追求。我能控制的事情——
正念、飲食、運動、心態，以及
決定把時間花在誰身上——
這些事情比其他事情更重要。因此，
當我舉手時，才具備足夠的韌性，
確保我的野心不會阻礙我保持思路清晰，
這樣才能一眼看出最棒的機會。

這段話給我當頭棒喝。空服員在起飛前提供的安全指示已經很清楚：「協助他人前，

請先戴好自己的氧氣面罩。」如果你在餐飲業工作，這樣的指示似乎違反直覺。我們不是應該把別人放在第一位，先照顧他們，再考慮到自己？

錯了！如果你不先顧好自己的需求，就無法幫助周圍的人。驕傲與野心是我們前進的風火輪；每一天，我們不斷調整、改進、更加努力，嚴格要求自己與周遭的人。但是，如果你不斷從自己的玻璃水瓶倒水出來，不停手也不加水，水瓶很快就會空了。

我和丹尼爾左思右想，最後做了一個不得已的傷感決定，我們要放慢腳步。

我們不再頻繁更換菜單，好讓所有人都能跟上腳步。我們雇用更多人，員工才不會分身乏術。我們也減少了一些錦上添花的服務。舉個小小的例子，我們會準備很多醬汁，在桌邊為料理添加額外的細節。但這些東西必須另外用托盤送過去，我們需要兩倍的傳菜員。但是，我們沒有那麼多傳菜員，所以通常外場主管必須幫忙把托盤端過去。為了減輕壓力，我們在廚房端就先解決問題，把醬汁倒在料理上。雖然這麼做比較沒看頭，但外場主管可以留在現場支援團隊。

儘管我們捨不得放棄，很多顧客也發現我們不再提供那些服務。但是，保留這些服務的代價太大，員工會吃不消。我提醒自己：如果要在顧客體驗增添新的元素，其他每一件事就不能做得那麼好，不如後退一步。**少做一點，但做得更好一點。**

像這樣的文化重啟也是我們班前例會上最常見的主題。幾個月來，我們都把焦點放在如何精進自我、實現目標。現在，我們應該在員工身上下功夫，用同樣的創意與創新做法，讓他們取得長久、可以持續下去的成功。

每個人的「氧氣」都不一樣，我們必須找到自己需要吸入怎麼樣的空氣。對我來說，放鬆就是晚上坐在沙發上吃中國餐館的外帶餐點，然後瘋狂追劇，看的是愚蠢到不敢告訴別人的電視劇。我老婆的氧氣則是健行或長跑。

你的氧氣或許是混合健身、瑜伽、騎自行車、烹飪、繪畫、跑現場聽演唱會，或是跟朋友去公園、躺在毯子上。運動、親近大自然、參加社區活動，或是進行有創造性的活動等，都是常見的選擇，但沒有一項適合每一個人，所以你必須知道什麼對自己有效。

這就是我們和團隊一起做的事。我們鼓勵他們找到自己的氧氣，挪出時間呼吸。放慢腳步不只是為了養精蓄銳，更是要為未來建立起更堅實的基礎，日後我們需要再次加速時（而且我們很快就得這麼做），思想與心靈才能保持在最佳狀態。

深呼吸俱樂部

我的好朋友安德魯・泰波（Andrew Tepper）在一間青少年精神病院工作多年。他剛到那裡的時候，看到許多孩子經常崩潰或發狂，威脅要傷害自己與別人，目睹這些景象讓他大為震驚。醫師開的鎮靜劑數量也讓他感到不安。

他開始教孩子在焦慮激動的時候，利用呼吸技巧來控制情緒，讓自己平靜下來。雖然這些技巧很有效，但那些孩子無法持之以恆執行。（有好的構想是一回事，要讓構想扎根成為習慣，又是另一回事。）幾個月後，有一天他在老家地下室裡翻找東西時，發現自己高中時用的絹印工具。

於是，他用絹印法在T恤正面印上大寫字母DBC，代表「深呼吸俱樂部」（Deep Breathing Club）。這批T恤看起來非常酷。如果孩子能利用深呼吸平靜情緒，沒有尖叫或出現暴力行為，只要成功三次，就能獲得一件T恤。他同時設法強化好的行為，讓深呼吸變成很酷的一件事。

五個月後，醫院裡一半的孩子都穿上印有DBC字樣的T恤。情緒崩潰的狀況和鎮靜劑用量都大幅減少。

在麥迪遜公園11號，我們也面臨集體的崩潰，應該戴上氧氣面罩——這是必須採取的大方向解決方法。但我們也需要一個可以即時採用的解決方案。

在你應接不暇時，會一籌莫展、不知所措，甚至不知道哪些東西會有幫助。在餐廳以及大多數高壓環境都會出現這樣的危機。如果你有一點情緒智商就知道，對一個已經崩潰的人說「放鬆」、「冷靜」，只是在已經快要控制不住的火勢上加油。

然而，你依然需要一個詞、一個補救措施，幫助你恢復理智，清醒到足以尋求幫助的程度。因為很多時候，一個簡單的介入行為，例如請外場主管幫忙送下一道菜要用的餐具給顧客，就可以給陷入慌亂的服務生一點喘息空間。

我請安德魯參加班前例會，介紹深呼吸的技巧與效用，讓員工知道只要好好深呼吸，原本看似沒有轉圜餘地的情況就會變得沒那麼糟。（安德魯也帶了T恤過來。）這個概念成為我們餐廳文化中最歷久彌新的元素。碰到危機時，我們要做的就是走到不知所措的同事身旁，輕聲提醒：「DBC。」他們就會停下動作，開始深呼吸。那三個字母真正傳達的意思是：「我看到了，我了解你的狀況。我就在你身邊，我們可以一起度過難關。所以，『現在』我可以幫你什麼忙嗎？」

觸摸衣領，主動求救

我們開主管會議不再只是探究如何改善顧客體驗，而是花更多時間討論，如何讓每一個員工覺得可以長長久久在餐廳工作。班前例會也是，幾乎都在討論如何恢復平衡。

由於合作精神已經深入麥迪遜公園11號的文化，我們相信不久後團隊成員就能深入參與餐廳事務。於是，從雜務到班表，我們都一一進行調整。

我們的老領班凱文・布朗（Kevin Browne）提出一個看似沒什麼、但其實非常重要的想法。

我們仿效棒球比賽中捕手與投手的手語暗號溝通，來傳達顧客想喝哪一種水，結果效果絕佳。因此，我們一直在找尋新的暗號，來讓工作更順利、顧客體驗更好。最後，凱文想出一招，改變了我們的文化：如果你和同事四目相接，並且觸摸衣領，那就表示「我需要幫忙」。

在此之前，當大家都忙得一塌糊塗時，根本不知道要怎麼請人幫忙。服務生經常在偌大的用餐區追著外場主管，好不容易找到人，主管卻停下腳步和顧客說話。服務生只好在一旁慢慢等，同時他們要做的事愈堆愈多。如果他們已經忙得焦頭爛額，需要別人幫忙，卻還得花時間找人，豈不是會變得更忙。很多時候，他們只能放棄、回到原先的崗位，然而情況不但沒能解決，反而變得更糟。

我們採用凱文想出來的暗號，服務生可以和主管或同事用眼神接觸，同時觸摸自己的衣領，對方就會盡快過去幫忙。

這只是個小動作，但對團隊運作產生很大的影響。DBC讓我們可以更輕易的提供協助；凱文想出來的絕招則方便我們尋求幫助。

我相信這個暗號會是團隊溝通當中最重要的一環，影響也會最為久遠，因為我在全國各地的餐廳都看到工作人員利用這樣的手勢溝通——正是曾經在我們餐廳工作的人傳播出去的。

我們就老實說吧，尋求協助並不容易，特別是對當時麥迪遜公園11號的員工來說又更難。他們都很優秀，而且求好心切，無法忍受別人認為自己應付不來。事實上，碰到難關時，通常最優秀的人會陷入最大的麻煩，因為他們不想求助於人。

願意尋求協助是力量與信心的表現。這麼做顯示出你有自知之明，知道自己的能耐，也了解周遭的情況。拒絕求助的人認為可以靠一己之力做好所有事，但這是在欺騙自我，甚至會拖累周圍的人。丹尼・梅爾常說，款待是一種團隊運動。如果你讓自負心阻擋你求助於人，不但會讓所有隊友失望，你所提供的款待也會大打折扣。

這個觸摸衣領的暗號讓人更容易求助，也能更即時找到救星。而且，當大家都這麼做，也就不需要感到羞恥了。

我們放慢腳步，學習深呼吸，並且找到更簡單的方法來提供幫助與求助他人，像這樣不斷致力恢復平衡非常重要。我真的相信，沒有二〇〇八年實施的這些調整、修正方向，就沒有日後的成功。

我們這樣努力扎根、厚植基礎果真不是白費功夫，因為老天爺給了我們一點小小的獎勵——嗯，正確來說，不是老天爺，是法蘭克・布魯尼。

二〇〇八年十二月，《紐約時報》食評家布魯尼給高登餐廳（Corton）三星評價；這是德魯・尼波蘭特與名廚保羅・李布藍德（Paul Liebrandt）在翠貝卡區開的餐廳。布魯尼在評論中寫道：「大抵而言，高登餐廳表現得非常優異，和不斷精益求精的麥迪遜公園11號一樣，有望登上紐約精緻餐飲高檔餐廳的峰頂。」[4]

我們欣喜若狂。布魯尼在這篇不相關的評論中暗藏給我們的訊息：自從我上回造訪至今，你們一直努力不懈，我都看到了，我知道你們能夠更加精進。

繼續努力吧！

第十五章

我們的生存之道：不斷進擊

誕生於二十世紀初的《米其林指南》（*The Michelin Guide*）其實源於一項高明的行銷策略。販售輪胎的米其林兄弟認為，鼓勵人們開車到法國各地旅遊、品嘗不同的餐廳料理，將會增加輪胎的銷量，因此他們編纂出免費的法國餐廳指南。

他們的星級評等系統反映一間餐廳是否值得到訪：一星代表在同類型的餐廳中品質卓越，值得順路停留；二星代表餐廳的烹調技巧精湛，值得繞道前往；三星則表示料理出類拔萃，值得專程造訪。

在接下來的一個世紀裡，米其林評鑑以及登門審查的祕密客，成為歐洲最受尊崇、最知名的餐廳排行權威。

在法國，多拿下一顆星可以讓一間餐廳日進斗金，少掉一顆星則可能毀掉餐廳：金丘餐廳（La Côte d'Or）的主廚貝爾納・盧瓦索（Bernard Loiseau）聽說會被降級，從三星變成二星，於是便舉槍自盡。（令人不勝唏噓的是，餐廳根本就沒有少掉一顆星。）對美國人來說，這種星星也許只是錦上添花；但在法國，米其林星星可是攸關生死存亡。

《米其林指南》開始把紐約餐廳納入版圖是在二〇〇五年。當年與隔年，麥迪遜公園11號都沒有入選，也沒有人感到驚訝。二〇〇七年，我們依然沒有上榜，有些美食部落格開始出現不平之鳴，但我和丹尼爾並不在意——大家都知道米其林的步調很慢，而我們也還沒站穩腳跟。

但是到了二〇〇八年，我們名聲大振。《紐約時報》給我們三星，我們也獲准加入羅萊夏朵聯盟；我們以為獲得這項重要的歐洲榮譽，會讓我們受到米其林的青睞。我們的團隊在每一張桌子都投注一一〇%的努力，因此那年紐約餐廳的米其林入選名單公布時，我們都擠在辦公室仔細閱讀官方發布的消息。

勒柏納汀餐廳，三星。尚・喬餐廳，三星。雅壽司（Masa），三星。*甚至名人流連的餐酒吧小花豬（Spotted Pig）都拿下一星；這間餐酒吧的老闆是肯恩・傅利曼（Ken Friedman），主廚是艾普爾・布魯姆菲爾德（April Bloomfield）。

我們榜上無名。

這個打擊相當沉重，因為就算上榜，每年也只能增加一顆星。因此，光是上榜，至少要等一年，要拿下夢寐以求的三星，也得等上三年。

沒有獲得《米其林指南》的青睞，團隊覺得既挫敗又困惑。我了解，對於組織領導者來說，最困難的一關就是面對極大的集體失望。

---

*譯注：雅壽司是日本名廚高山雅在紐約開的日本料理餐廳。

我們每天都要開班前例會，因此無法避而不談這件事。我站在中央，朋友與同事圍繞著我，每一個人都意志消沉。他們在等我解釋，等我安慰。但我沒有魔杖，無法輕輕一揮，驅走悲傷。我能做的只是表達自己的難過與不解，期望透過和大家一起療傷止痛，得以共同向前邁進。**領導者的角色不只是激勵與振奮部屬，有時也得跟團隊一起脆弱，才能贏得他們的信任。**

我也對這樣的結果忿忿不平。因為我知道我們已經做得很棒，而且每天都有進步。因此，我們在沮喪中沉湎幾天後，我鼓勵大夥發洩憤怒。

「我們一向愈挫愈勇，」我在班前例會告訴他們：「現在也是一樣。把這次的事件當成是火上澆油，好好利用這股能量。」我們要準備進擊了。

不料，景氣卻自有另外的安排。

滴水成海

二〇〇八年十一月，全世界都受到全球經濟衰退的衝擊，國際貨幣基金組織

（International Monetary Fund）後來形容這是「大蕭條以來最嚴重的經濟與金融風暴」。委婉的說，現在不是販賣昂貴料理的好時機。

聖誕節與元旦假期間，我們的業績還可以，但新年過後，生意就直直落。頭條新聞怵目驚心，顧客紛紛取消訂位。我們餐廳漸漸累積名聲，成為慶祝特別日子的最佳場所，顧客不惜為這一餐大手筆揮霍，因為我們值得。但是，大多數人都覺得不應該花這麼多錢吃一頓飯，還是把錢存起來，作為急用金，為最壞的情況做準備。

在我們餐廳訂婚的愛侶，每年都會回來慶祝週年紀念日。現在，他們不上門，改用更省錢的方式來慶祝這一天。例如，有一對夫婦帶著一瓶香檳到麥迪遜廣場公園，隔著馬路，對著我們巨大的窗戶舉杯——配上一份從Shake Shack外帶的起司薯條。

沒有人包場舉辦私人派對。婚宴派對的規模縮減，不是減少受邀的賓客人數，就是改到比較便宜的餐廳。此外，預算豐厚、為了辦活動不吝一擲千金的公司，向來是精緻餐飲高檔餐廳的財神爺，卻也開始撙節開支。現在，成交的案子少了，慶功宴更少，即使有人可以拿到令人羨慕的高額年終獎金，也不會在公開場合慶祝；華美、盛大、豪奢的晚宴突然變得不合時宜。

大多數的晚上，訂位人數不多，用餐區坐不滿，我們只好關閉一個區域（我們稱為

「上城區」），免得餐廳看起來空蕩蕩；我們保留的用餐區後方向上幾個階梯就是「上城區」，但兩者的實際距離只有數步之遙。餐廳裡一整排的長椅成為自然的屏障，這樣就好多了，但你依然可以看出餐廳只坐滿一半。

我們強顏歡笑，迎接顧客，而我每晚都埋首在帳本裡。我們就快走投無路，餐廳的財務狀況很糟，一天比一天糟。我們是以經營四星餐廳的規模在燒錢，這樣的口碑與榮譽卻沒能吸引足夠的顧客上門，更何況我們也無法收取四星級的價格。因此，我們的現金流在大出血。其實，我們餐廳沒有倒閉，完全是因為當時Shake Shack隸屬於麥迪遜公園11號。

Shake Shack是在二〇〇四年創立，原本只是個熱狗餐車，為了配合麥迪遜廣場公園藝術展所設計。（我剛到麥迪遜公園11號時，Shake Shack的漢堡就是在我們的私人用餐區準備的；每到午餐時間，廚師會把生的漢堡肉放在巨大的托盤上，然後端著托盤從我們餐廳大門走出去。）每一個人都愛這個熱狗攤，所以隔年夏天又重出江湖，接下來的一年也是。最後，Shake Shack正式開張，販售漢堡、卡士達冰淇淋等，仿造美國中西部經典的路邊小飲食攤設計，就像年少的丹尼・梅爾經常報到的地方。

在經濟衰退時，Shake Shack不只生意很好，甚至開始成為名店。店門外，排隊人龍在公園繞來繞去，紐約人都見怪不怪，丹尼因而在公園裝了一台網路直播攝影機叫作Shack Cam，顧客可以估算從家裡或辦公室過來要排多久，再決定是否加入排隊行列。

經濟疲弱的狀況反而讓Shake Shack的生意益發火紅，畢竟這是人之常情，手頭有點緊的時候，就會湧向物美價廉又特別的地方。結果，麥迪遜公園11號不再需要贊助這間小商店，反而Shake Shack的獲利成為我們的救生圈。

丹尼很有耐心，也對我們有信心。但是用一間餐廳的利潤來彌補另一間餐廳的虧損，並非長久之計，這樣的事業很糟糕。每個月召開財務會議時，我會解釋虧損的原因，也提出一些有希望的部分，但我心知肚明，如果無法力挽狂瀾，這間偉大的餐廳早晚會滅頂。

在那段日子，我很依賴我爸，也一起認真檢討。他知道不擇手段的求生之道，向來不太注重餐廳的細緻服務，特別是精緻餐飲領域的種種細節。但他和往常一樣，把我從險惡的叢林中拉出來，讓我能見樹又見林。他告訴我：「逆境很珍貴，千萬別浪費。」

在全球經濟衰退時期（或是疾病全球大流行的期間），很多企業主都會陷入恐慌。他們會這樣反應有充分的理由！因為，精心安排的計畫化為泡影，而預測再怎麼謹慎、周密也都沒有用；不確定性讓人恐懼。儘管逆境容易帶來恐慌，更好的解決方案是發揮創造力。

幸好，長久以來我們致力於鞏固文化，因此有餘裕發揮創造力。

我們從削減支出開始。但這事說來容易做起來難，因為我們必須確保這不會對顧客產生不良影響。

我們從廚房開始，但不是從食材著手。就庫存管理而言，餐廳半滿要比客滿更難控制，特別是幾乎所有材料都是新鮮製作；顧客多的時候，比較清楚要先處理哪些食材，也比較能掌握速度。不管餐廳的財務狀況如何，我們都必須提供完整的菜單。如果顧客是衝著我們的招牌鴨肉料理而來，我們無論如何都必須供應這道菜。

因此，雖然丹尼爾和他的團隊已經盡力控制食材成本，每晚我們還是扔掉大量食物。這種浪費無可避免，我們必須從其他地方下手。

當時，每次開財報會議時，丹尼的合夥人保羅•波勒斯—畢文（Paul Bolles-Beaven）經常提醒我們：「滴水成海。」我謹記於心，緊追每一分錢的流向。我們總是用兩塊布鋪在出菜的櫃檯上，廚房工作人員會把料理端過來，傳菜員會從這裡把餐盤端走。我們鋪上兩塊布是因為在出餐時段途中可以把上面那塊布抽掉，讓下面那塊布撐到最後，以便隨時保持清潔。這樣的奢侈品很容易削減。

我們也經常檢查洗碗機的設定，避免使用過多洗劑，光是這樣就省下好幾千美元。每次把料理端出去前，我們會用廚房紙巾沾醋與水來擦拭餐盤邊緣，去除醬汁或指紋的痕跡。現在，我們把紙巾剪成一半來省錢。

我們的廚師一直都是戴著紙製的高帽。這種廚師帽美觀、經典，可以連結丹尼爾的歐洲料理傳統。這些拋棄式的帽子一旦汗濕或是弄髒，就能馬上換新。

一天晚上，我計算了一下。在一個繁忙的用餐時段當中，每位廚師會用掉兩到三頂帽子，廚房裡有三十位廚師，每天有兩班，表示我們每年要花幾千美元買這些廚師帽。然而，大多數餐廳給廚師戴的是厚實的棉製船形矮帽，一箱只要幾百美元，而且可以重複清洗，至少能用上一年。

這樣錙銖必較也是不得已：我們原先選用廚師高帽，是因為我們希望廚師每次戴上帽子都能引以為傲，而且可以感覺和烹飪史相互連結。然而，在危機中領導要意識到，能讓廚師感到驕傲的東西，不只是他們頭上的帽子。

由於我們擔心顧客受到影響，用餐區的費用削減則比較困難下手。經營一間提供精緻餐飲的高檔餐廳成本很高，很難降低勞動成本——每一把閃閃發亮的刀子、每一只光潔透亮的玻璃杯都需要人親手擦拭。特別是如果你想要餐廳更上一層樓，就得捨得花錢，即使透支也在所不惜，同時還必須壓低收費。

儘管如此，我們還是找到很多巧妙的方式來削減成本。我們一向會在起司推車上擺放二十種獨特的起司，這是本店的驕傲；但是，只用十種起司，也能擺得很美。選擇少了，浪費也就可以減少。我像老鷹一樣盯著起司推車，有時候甚至會親自切起司，避免浪費掉可以送上桌的任何一部分。

更重要的是，我們也改變了，變得對每一項成本都非常感敏，緊盯著每一分錢的支出，比以前更加自律。保羅說的沒錯，這些縮減，以及節省下來的點點滴滴開始累積起來了。我們節儉省下一分，明日的戰力就能增加一分。

進入職場後，隨著職涯開始發展，我爸便鼓勵我寫日誌，目的是記錄當時的觀點。如果你是服務生，你看到的就是當時的世界。雖然你可能自認為會永遠保持同樣的觀點，但事實是，一旦你當上主管，就會發覺原本認為重要的事被一堆新的事物取代了。就像我爸說的：「不管你多堅持自己的觀點，觀點也有保存期限。」

不幸的是，如果身為主管的你不能從部屬的觀點看待事物，就往往無法和他們在情感上產生共鳴。如果我們記得身為部屬的感覺，就能成為更好的領導者。但是，要找回那種感覺非常難，日誌能幫你抵抗時光，盡量保留當時的觀點。

因此，當我們想方設法，從各個小地方著手削減成本時，我爸再次鼓勵我把這些都記錄下來。他告訴我，每一種做法都得詳細記錄，無論是多麼微不足道的部分也不要放過。他相信我們終究會走出黑暗的隧道，然而一旦重見光明，我們就會把那些省錢技巧拋在腦後。記錄日誌有助於我們保留最好的做法，繼續實行。如此一來，我們在衰退時期練就的工夫，將有助於我們在未來賺進更多錢。

我們決定削減的項目有多少，就有一樣多的項目決定不要削減。別忘了，我們依然有遠大的目標，還得繼續進擊。這也代表會影響到顧客體驗的部分基本上都是禁區，因此有很多地方砍不得。每一個項目我們能削減的就是這麼多，再砍下去，就會砍到見骨，導致品牌岌岌可危。

即使有更好的餐盤架，也在碗盤收集推車上鋪墊子，昂貴的Riedel酒杯還是難免會破損；手工拉坏精製的陶瓷餐具也會缺角，需要更換。在一頓世界級的饗宴結束時，你總不能拿出一支廉價的Bic原子筆，讓顧客在信用卡簽單上簽名；然而，每一支鍍銀名筆可能會掉進顧客的皮包或口袋裡，我們又得在損益表上記上一筆。

如果我們想要按照原訂計畫前進，光是削減開支還不夠，我們必須提高營收。

逆境很珍貴，千萬別浪費

我們動腦筋、發揮創意節流，但我們在開源方面，同樣很有一套。（順帶一提，賺錢比省錢有趣得多。）不管如何粉飾太平，管理支出是防守，而我們決定透過進攻來度過危機。

來我們餐廳吃午餐的顧客多半是報公帳的商務人士，但是全紐約的企業都在削減開支，某幾天的正午時分，用餐區空曠得幾乎可以看到風滾草在翻滾。不過，我們在這空蕩蕩的餐廳裡看到機會。

當時，午餐期間的麥迪遜公園11號，主菜平均價格約是三十五美元。於是，我們開始提供兩道菜二十九美元的午間套餐。我們餐廳的平均消費金額沒有這麼低過，即使從前以餐館形式經營的時候也沒這麼低。然而如果能因此吸引到顧客，讓用餐區像以前那樣門庭若市，也很值得。

由於我們的午間套餐價格優惠，於是有一群新的顧客突然負擔得起，能來消費了，這為我們帶來意想不到的好處。我們的目標是成為下一代人的四星餐廳，而今天的助理可能是明天的執行長。因此，這項新措施讓我們有機會接觸正在職場努力往上爬的一群人，並且和他們打好關係。

我們確保這二十九美元的午餐能讓顧客覺得物超所值（如果你要送禮，這真是最棒的選擇）。在接下來幾年內，我遇見無數人都是在這段期間第一次上門，就為了享用優惠午餐，其中一些人也已經成為我們餐廳的鐵粉。

經濟衰退的確會拉低平均消費金額。人們訂購的東西愈來愈少，也會選擇比較便宜的商品。很顯然，我們無法提高價格，所以才需要發揮創造力來彌補減少的收入。這就是好玩的地方。

我在翠貝卡牛排屋當服務生時，端甜點有個規定是要「低一點，慢一點」。也就是說，端著甜點穿梭在餐廳裡的時候，要刻意放慢腳步，走得比平常更慢。然後，把手中的蘋果醬蛋糕放低，和顧客的視線齊平。如此一來，當你拿著甜點菜單到桌邊時，每一個人早就在想著要吃甜點了。（這就是為什麼甜滋滋的麥片總是放在超市較低的貨架上——因為這樣剛好會和兒童的視線齊平。）

我們在麥迪遜公園11號推出甜點推車，在推車上擺滿美味的派、蛋糕與酥塔推到桌邊。如果你在午餐時段給顧客甜點菜單，他們大都會像看外星人那樣看著你。部分原因是擔心卡路里，但大多數顧客沒有時間耗費在繁瑣的點餐程序上，還得等甜點盛盤、送上桌、吃完甜點、服務生收掉盤子，最後才能結帳。甜點會使用餐時間增加半小時，特別是在紐約的午餐時段，顧客吃完飯都急著回去工作。

然而，一旦我們把甜點推車推到顧客面前，他們都像孩子般睜大眼睛，不知道該如何選擇。特別是他們只要用手一點，甜點就馬上送到桌上了。這輛推車很漂亮，也給顧客很棒的體驗，大家都很愛。我們的甜點銷售額上升了三〇〇%。

只要二十九美元的午間套餐讓餐廳起死回生，即使利潤很低，但高朋滿座的用餐區讓團隊生出信心，相信一切終會好轉，即使我沒有十足的把握。

更重要的是，生意變好，團隊的工作時間才有辦法增加。過去幾年，我們招募了一支很棒的團隊，如果要按照既定目標往前走，就不能失去他們。儘管他們都很愛這間餐廳，並且充滿使命感，但他們也有帳單要付。我可以自豪的說，在那個悲慘時期，我們沒有裁掉任何一名員工。

不惜一切讓團隊參與其中

我們所有的節流手段皆已奏效，種種開源方面的創意構想也帶來一些收入。然而，不管怎麼說，在經濟嚴峻的時期，生意真的很難做。我們需要充分利用創造力，也得想辦法苦中作樂。現在該是利用九五／五法則的時候了。

有人提議舉辦肯塔基德比（Kentucky Derby）派對。*

前一年，有個朋友邀我去一場肯塔基德比派對，觀賞他的樂隊演出。這可不是優雅的南方花園派對，更像是在紐約東村簡陋小酒館舉行的派對，但我玩得很開心。

我喜歡這個構想。肯塔基德比派對！還有什麼場合更適合在復活節喝招牌雞尾酒？有什麼活動非得戴上五顏六色的帽子？我們的肯塔基德比派對必然會在麥迪遜公園一帶引起大轟動。因此，那年春天，我們決定在餐廳主辦最華麗又誇張的肯塔基德比派對。

我們用馬形灌木裝飾餐廳，為這些馬套上玫瑰花環，好像牠們已在賽馬會上獲勝。當天提供豐盛的自助餐，料理以傳統南方美食為主：本篤會黃瓜迷你三明治、炸雞、鬆

---

* 譯注：指肯塔基德比賽馬會的派對。參加者要帶一份美食與會、穿著鮮豔的衣服，女性會戴花俏的帽子。

餅與肯塔基燉煮菜肉料理。吧檯上擺滿生猛海鮮，還有現場樂團表演，由活力充沛的The Crooners樂團為我們演唱美國南部藍草音樂。我們的調酒師源源不絕的提供冰鎮薄荷酒，用珠飾的錫製酒杯承裝。

儘管我們沒有要求，大家都盛裝而來，顧客的打扮更是爭奇鬥艷。（我們舉辦了非正式的最佳服裝競賽，並使用史上最原始的掌聲測量儀——也就是我的耳朵——來判斷得票數。）這些都是為了慶祝「體育界最驚心動魄的兩分鐘賽事」。我們屏氣凝神盯著餐廳後面的巨大電影螢幕，在一位身穿短褲與紅夾克的號手吹響比賽號角之後，馬兒就往前衝。

這場派對是一個巨大的賭注。誰會在經濟衰退的泥淖中籌辦這麼華麗的派對？幸好風險帶來不錯的回報，收支打平了。我們沒賺錢，也沒賠錢，但團隊表現得生龍活虎。我們和美格波本威士忌酒商（Maker's Mark）、奈特・舍曼雪茄（Nat Sherman）與《君子雜誌》（*Esquire*）合作，他們可以向活躍的社群宣傳這次的活動，我們則能夠因此擴大客群。很多思鄉的南方人、賽馬迷、帽子愛好者或是雪茄迷，都突然愛上麥迪遜公園11號。

在派對上，員工與顧客一樣開心。我對自己發誓：如果餐廳真的可以生存下來，我希望能一直保有這種玩心不忘。

我們做得很棒，也給顧客難忘的體驗。然而，我們也在努力省下每一分錢。我們想出打響品牌的好構想，有一些已經奏效。但即使是世界上最偉大的派對，也無法挽救全球衰退。就算丹尼非常支持我們，獲利數字仍岌岌可危，而且時間不多了。

然後，有一天中午，法蘭克・布魯尼走進來。

模擬作戰發揮良效

在一個讓人閒得快打瞌睡的中午，法蘭克・布魯尼迤迤然走進來，大家湧起一股罕見的情緒結合恐懼與興奮之情。顯然，他是要來看看我們餐廳是否值得讓人再看一眼。我們都太迷信，因此不敢大聲說出口，但我們不能忽略這個事實：布魯尼可能想給我們四顆星，才會再度上門。

老實說，從他上門的那一刻，餐廳就出現安靜的騷動。沒有人激動落淚，也沒有人衝撞奔跑，但難免有驚慌、刻意提高音量的耳語。員工甚至像被車頭燈照到的鹿一樣嚇傻了，一時之間不知道怎麼走路或說話。不過，我們很快就克服緊張。他吃完這一頓離開之後，我們都高興的擊掌，此起彼落。我們相信他吃得心滿意足。

然而，接下來，什麼事也沒有發生。

靜悄悄。

評鑑會使人瘋狂。食評家來用餐後的那幾週，餐廳都得提高警覺，繃緊神經。你的生活就此停格。主廚、總經理與飲務總監不能休假，你不能冒險，賭食評家不會在這時候上門。

儘管壓力很大，不過還可以忍受，因為只有這段時間會這樣。食評家通常會在兩、三週內上門三次。接著，你會接到電話，說明報社準備來拍照，無論結果是好是壞，考驗總算結束了。

只是這次的評鑑拖了好幾個月。

就像前面所說，一支平庸的球隊不可能在超級盃那天突然變得高強；一間普普通通的餐廳也不可能在食評家上門那天突然蛻變。你的餐廳是如何，評鑑的結果就會是那樣。關於這一點，我深信不疑。

但是，如果你想拿下四星，就要以完美為目標。因此，我們盡一切努力，使食評家得到完美的用餐體驗——即使他人不在我們餐廳裡，我們也都在努力。其實，一年三百六十五天，布魯尼來的次數寥寥可數，因此我們每晚都會隨機指定一桌為評審桌，利用這一桌來排練。

坐這一桌的顧客不知道自己被當成食評家對待。我們派出最好的團隊為他們服務，也由飲務總監親自給予餐酒建議。下一道料理上桌前，重新整理餐桌時，我們不會從放餐具的抽屜拿叉子，即使抽屜裡的叉子都擦拭得晶晶亮亮也不行；我們會用另一個特別的盒子擺放刀叉湯匙，每一支都由外場主管親自檢查、擦拭過。重新擦拭的杯子也都放在特別的托盤上，而那一桌要用的每一個餐盤都有專人負責仔細檢查，確認沒有任何缺角或污漬。

同時，那一桌顧客點的料理我們都做了雙份，就像真正的食評家上門一樣，因此丹尼爾可以把兩份當中比較完美的那一份送出去。我們指派最優秀的兩位傳菜員把料理端出去，並且讓兩人輪番上陣，以免食評家一直看到同一個人，懷疑為他服務的人經過精挑細選。（雖然的確如此，但我們不能讓他發現。）

這不是真的評鑑，但我們不能心存僥倖，忽略任何一個細節。

我是在看紀錄片《最後之舞》（*The Last Dance*）時想到這一點。影片講述麥可・喬丹（Michael Jordan）如何帶領芝加哥公牛隊（Chicago Bulls）擒獲六次的ＮＢＡ總冠軍。喬丹的好勝心堪稱傳奇，那是他的燃料。如果有球員敢在球場上對他說垃圾話，或是在媒體前面對公牛隊不尊敬，就得小心了。即使沒有人敢這麼做，喬丹也會自己煽風點風，刻意冒犯他人或是把無意的碰撞解釋為人身攻擊。任何輕視的暗示，即使是假造的，都足以促使他奮起反抗。就算沒有賭注，他也要創造出來。

大多數的夜晚，坐在評審桌的顧客都不是食評家，就像麥可・喬丹在他腦中創造的假想敵，不一定是真的。但這種模擬作戰的策略相當成功。

餐廳裡，其他顧客得到的服務會比評審桌顧客差嗎？不會——其實，那張桌子和隔壁桌，在服務上的差異完全無法讓人察覺出來，即使知道可以從哪些地方查看也看不出來；甚至這種專注與訓練，也提升其他桌的服務。因為藉由評審桌來模擬作戰，我們得以進行角色扮演，把每一個動作精心排練，調整到最好。也就是說，打從布魯尼走進來那一刻，我們已經駕輕就熟，不只不會恐慌，無論他坐在哪一桌、由哪個團隊為他服務，我們都胸有成竹。領班會透過眼神交流、點頭來指揮，一連串的動作就這麼開始了：他來了，我們上吧。

因為布魯尼遲遲不再光臨，也因為我們每晚都在進行這些超乎常理的演練，我真的相信，那一年我們終於達到四星的水準。我們不只是為了布魯尼才這樣做，也為了所有的顧客。

事實上，從布魯尼第一次來吃午餐到評論見報，這段時間幾乎長達一年。即使我們有信心，也不斷演練，等待依然是一種煎熬。我真的認為，我們能承受這麼久的考驗，還得因應財務窘況，只有一個原因，也就是我們已經進行文化重啟。簡而言之，我們已經知道如何先幫自己戴上氧氣面罩，因為那一年大家一直處在緊繃狀態，很少放鬆。

最後，我強迫自己放一天假去看鋼索飛人秀（De La Guarda）。這是類似馬戲團的藝術表演，當時在紐約極為熱門。最後一幕尤其出名：在最後一個美麗的場景之後，音樂響起，震耳欲聾，水從天花板傾瀉而下，彩帶噴筒發射五顏六色的紙花，大家一起跳舞。每一個人離開劇院時，都興奮莫名，全身濕透，沾滿一身紙屑。

但你們知道嗎，我一走到外頭，打開手機，就發現一通未接留言：「他來了！」我在街角匆匆和女友道別，以衝刺的速度跑回公寓，跳進淋浴間，穿上西裝，三十五分鐘後回到餐廳。我跑進廚房找丹尼爾了解狀況，接著立即投入服務。

結果證明，我們先前所有的演練都是值得的。團隊成員表現得無懈可擊、鎮定自若——有幾個人甚至看來樂在其中。這就是我們透過訓練想要達成的目標，現在是展現實力的時候了。

每十五分鐘，我就會偷偷溜到咖啡師工作檯旁的隱蔽角落，偷看布魯尼用餐的狀況。我知道，這很自虐。

我內心的小劇場很糟糕。我對每一件小事都很在意，儘管我在理智上明白食評家也是人，和朋友會有正常的互動。我努力提醒自己：如果他笑了，不見得是在嘲笑我們的料理。餐盤上還剩一小塊鵝肝沒吃完並不代表他不喜歡，可能這週有六個晚上他都在餐廳吃飯，不想勉強把整盤吃完。或者，可能他就是不愛鵝肝，也不喜歡我們餐廳的每一道菜。啊，好累。

但是，布魯尼似乎吃得挺開心。於是，我們又回到等待、演練的日子，懷抱希望、眼巴巴的看著大門。

那年秋冬到隔年的年初，我們都如坐針氈。他來品嘗秋季菜單；我們的冬季菜單登場後，他也來了。夏天，他又一而再、再而三的上門。到了八月第一週，我們終於接到《紐約時報》的來電，說要安排攝影師來拍照，以配合即將見報的文章。

《紐約時報》的評論在報紙印行的前一晚，就會在網路上發布。因此，在二〇〇九年八月十一日晚上，我們一邊營業，一邊焦急的等待消息。

有一組人在辦公室，盯著電腦，不斷重新載入頁面。我太緊張了，不敢待在那裡，於是來到用餐區，心想我得好好做點正事。正當我站在桌邊，幫開胃菜瑞可達起司義式麵疙瘩佐洋薊淋上橄欖油時，有一個常客拿出手機來查看。他從椅子上一躍而起，高舉雙臂，大叫：「四顆星！」整間餐廳爆發出歡呼聲。

我急忙回到辦公室。丹尼爾和大多數團隊成員都擠在電腦前閱讀評論，每一個人臉上都露出燦爛的笑容。

文章標題是〈勇敢登頂〉。布魯尼描述我們進步的歷程，從二星到三星，再升到四星，並說他是漸漸愛上麥迪遜公園11號，而非「一見鍾情」。他描述自己看到：「一間大幅改善、傑出的餐廳……仍然在努力精益求精，即使已經沒有必要這麼做。」[5]這些文字不只奇妙又精準的描述顧客體驗的演進，也捕捉到我們在文化上的改變。

這是他在《紐約時報》寫的倒數第二篇評論文章。他在最後一篇告別作中再次提到我們，他說：「我在麥迪遜公園11號享用妙不可言的一餐。這空間寬廣、氣勢宏偉的餐廳有一種巨大的魔力，是其他三星級餐廳沒有的。」[6]

「一種巨大的魔力！」我們成功了，我們拿下四星了。這是我們一心一意努力追求卓越得來的，因為我們也聚焦於款待精神……以自己為傲。

沒多久丹尼也來了，驕傲之情溢於言表。他還沒走進大門，我就看到他了。我衝出去，給他一個大大的擁抱。他先跟我要手機，打電話給我爸，和他分享這一刻，並向他道謝。要不是他的諄諄教誨，我們就沒有今天。看著我生命中最重要的兩個人互相恭喜、一起慶祝，這真是我畢生難忘的一刻。

那晚我們舉行了自開幕以來最盛大的派對。我連絡香檳王（Dom Pérignon）的業務代表，請他們捐兩箱酒慶賀這次的成功；我也請一位DJ待命。我甚至拿出預先訂製的T恤：印有我們的四葉商標，葉子底下還有四顆星星。我興高采烈在派對上分送這些T恤給大家。（訂製T恤這件事讓丹尼很生氣；他認為我的如意算盤打得太早，這麼做非常不吉利。現在回想起來，我同意他的觀點，但那時我覺得這樣做很棒。）

我們整晚狂歡。第二天中午，餐廳開門營業時，我發現有幾個Riedel香檳杯横躺在麥迪遜大道上，公園裡有個流浪漢穿著我們的四星T恤。

不過，我們的餐廳仍是井然有序、光潔明亮，準備迎來第一頓四星午餐。

接下來的一週，每天都有人送香檳和巨大的花束過來。除了我們，紐約還有五間四星餐廳，他們也都送禮物來，歡迎我們加入四星俱樂部。我們的常客也來和我們一起慶祝。畢竟，有他們的支持，我們才能達成目標。

即使我們摔到谷底，也決定進擊，戰勝逆境。我們不只撐過經濟衰退期，甚至變得比以前更強大。

第十六章

縮短與人的距離

《紐約時報》給我們的四星評價改變了一切。我們的用餐區每一晚都高朋滿座；團隊樂得飄飄然。我依然緊盯著開支，沒有鬆懈，但我們不再把廚房紙巾切半，廚師又重新戴上紙製的高帽。

隨著生意興隆，新的挑戰也接踵而來。我們必須雇用、訓練二十五名新員工，才能因應內、外場所需。我們甚至得升級電話系統，才能處理大量來電。

最大的挑戰是期望值的變化。顧客到三星餐廳用餐和他們去最近獲得四星的餐廳用餐，將會抱持非常不同的期望。

我們團隊中有些成員把這種轉變內化，說服自己要嚴格對待自己。這就像你第一次買下一套昂貴的西裝，你覺得需要為這套西裝好好打扮一番，卻忘了這套西裝原本就是要幫你好好打扮自己。

能拿下第四顆星教我們雀躍萬分，但我們是透過和顧客建立有意義的連結，才達成這個目標。我們不能本末倒置，讓這份榮耀蒙蔽我們的初心。我們沒有放棄原先的抱負，依然致力成為下一代人的四星餐廳。我們同樣希望提供精緻餐飲的高檔餐廳也能舒適、不拘小節、好玩。布魯尼本人也支持這一點。他在《食客雜誌》（*Diner's Journal*）寫道：「我發現，我推薦麥迪遜公園11號的次數要比推薦當時其他四星餐廳的次數更多，這是因為這間餐廳不但深諳寵客之道，價格不是那麼高不可攀，也沒有一堆規矩與令人窒息的氣氛。反之，他們讓人覺得輕鬆愉快。這是這間餐廳相當有吸引力的地方。」

布魯尼了解，我們想讓精緻餐飲別開生面，變得更隨興自在——一樣追求卓越，但少了僵化、古板。我們能拿下第四顆星，正是因為縮短和顧客的距離。而且，顧客往往是提前幾個月訂位；對很多人來說，這頓飯可能是他們一生中最昂貴的一餐。他們慕名而來，更何況所費不貲，當然希望有一點儀式感。

因此，我們面臨一個難題：我們希望精緻餐飲是輕鬆自在的，這是我們的初衷，也是我們拿下四顆星的原因，但這樣的特色在我們剛躋身四星餐廳之時卻變得格格不入。

尤其，我們看起來都很年輕。那時，我們的用餐區員工平均年齡是二十六歲。我們獲得四星時，丹尼爾三十二歲，還有一張娃娃臉；我則是二十九歲，去酒吧不時還會被要求看證件。在我們獲得四星評價之前（之後就更不用說），很多顧客看到我們都會嚇一跳，沒想到像麥迪遜公園11號這樣的餐廳，是由一群乳臭未乾的年輕人所經營。但是我們不想改變自己，特別是因為過於正式的環境會妨礙我們和顧客建立關係。

為了解決這個問題，我們採用的方法就是縮短距離。我剛開始跟老婆約會時，會恭敬稱呼她父親為托西先生（Mr. Tosi）。有一天，他終於告訴我，別這麼生份，叫他吉諾

（Gino）就好了，這時我便知道自己已經贏得他的信任。你必須下功夫，才能縮短與人的距離。

然而，在顧客開始用餐時，我們必須加強儀式感，以獲得他們的尊敬。特別是他們剛進門看到我們這麼年輕，不免嚇了一跳。接下來，我們就得設法贏得他們的信任，轉移他們的期待。接下來，我們鼓勵顧客與我們同行，一起踏上這趟美食之旅。顧客不是被動接受服務，我們的服務都是為了他們的體驗；我們只能邀請，不能強迫他們。

把握當下

我讀康乃爾大學的第一個暑假在翠貝卡牛排屋當管理部實習生，但幾個服務生辭職後，我不得不硬著頭皮接替他們，這甚至是我第一次當服務生。在紐約最繁忙的餐廳，這可是水深火熱的試煉。我不知道自己在做什麼，但卻曉得自己有多生嫩。

在這種情況下，我的策略就是搞清楚誰是高手，研究他們的方法，模仿他們。起先，特別引起我注意的一群服務生就像基努・李維（Keanu Reeves）在電影操控母體那樣，總是能看穿一切，搶先一步。那些服務生就是知道哪位顧客準備再來一瓶酒，哪一桌想結帳了，因此，他們負責區域的翻桌率非常驚人。

但有件事我覺得很奇怪。每一晚，我都會計算小費。我發現另一群服務生的翻桌率比較低，帳單平均金額卻比較高，給的小費也比較多。換句話說：他們服務的人數比較少，賺的錢卻比較多。這是衡量顧客滿意度最好的標準，於是我開始改為研究這一群人。

我很快就發現這群服務生才是真正的A咖。在很多方面，他們不像其他同事那麼熟練、能幹——點菜時顧客等比較久，甜點菜單來得很慢，等結帳的時間也比較長。但是，這些效率較差的服務生待在桌邊和顧客攀談時，他們專注於互動，也就比較能建立緊密的連結。即使服務稍微不夠完美，顧客卻更喜歡這種體驗。

第一群服務生做事專心，第二群則待客用心。

我經常會用「活在當下」來描述一個人非常認真的做他正在做的事，甚至不在意接下來要做什麼。第二群服務生正是如此，巧妙的體現「活在當下」的意義。他們在跟顧客聊天時，會完全投入在那一刻。顧客欣賞的是他們的款待，而不是他們有多優秀。

在麥迪遜公園11號獲得四星後，我把焦點整個轉移到款待精神上。我們已經證明這間餐廳的品質卓越，現在得在顧客關係上再加把勁。因此，在未來的一年，我們提醒員工把焦點放在「當下」。我們跟顧客在一起時，那一刻就得全心全意跟他們交流。我們已經訓練這麼多年，致力提供顧客期待的頂級料理與服務。現在，我們應該把焦點放在顧客身上，給他們超乎期待的溫暖與連結。

我們不再只是經營一間卓越的餐廳；我們也努力經營人際關係。

顯然，這個世界已經注意到我們的轉變。因為在二〇一〇年初的一個早晨，我和早班團隊確認當天的情況後，就幫自己做了杯拿鐵，開始拆封郵件：帳單、垃圾郵件、帳單、帳單、帳單。然而，有一個信封引起我好奇。我拆開這封信，發現我們餐廳已經在二〇一〇年世界五十大最佳餐廳之列。

第十七章

學習超乎常理之道

在二〇一〇年世界五十大最佳餐廳頒獎典禮上，我們聽到麥迪遜公園11號是第五十名（也就是最後一名），那一刻的尷尬與失望，至今仍然像浪潮般湧向我。現在回想起來，我還會腸胃翻攪。

從倫敦返回美國的飛機上，我一直在想，回餐廳之後，該怎麼跟團隊說。我和丹尼爾知道，這個結果簡直會讓他們肝腸寸斷。最後，我用我爸最喜歡引用的一句話作為全體會議的開場白：

「如果你知道自己不會失敗，你會嘗試去做什麼事？」*

在歷經挫敗之後，領導者必須帶領團隊好好檢視自己的情緒，從失望到找回動力，並規劃未來的路線，因為大家都得知道下一步怎麼走，而且腳步必須一致。

餐廳每天客滿，我們的四顆星吸引顧客絡繹不絕而來，一週內的訂位皆滿，這在當時就夠了。但是，我和丹尼爾從倫敦回來，帶著一張皺巴巴的紙巾和全新的目標：我們想要成為全世界排行第一名的餐廳。

「我們討厭在宣布最後一名的時候聽到餐廳的名字；我們要用這種羞辱作為推力，」我們說。「我們希望和前十名的餐廳一樣令人驚奇，甚至比他們更好。我們要成為世界第一。」

大聲說出這個夢想，風險很大。如果你為團隊設定了目標卻沒能實現，士氣就會受到打擊——尤其，這還是一個大膽的目標，只要下滑一名，就會跌出榜外。這個大膽聲明背後的引擎是饒舌歌手Jay-Z說的一句話：「我相信，只要說出來，就能發生。」[7]我很清楚這一點：你要是沒有勇氣把目標大聲說出來，就永遠無法實現。

在那場會議上，我們邀請團隊下定決心一起並肩作戰。如果你周遭都是有才幹的人，沒有什麼比集體決策更有力量。若是這個充滿電力的團隊決定完成這項目標，不管目標多麼遙不可及、多麼艱難，我們都會努力去做。

不出所料，他們都決定加入，同舟共濟。我們不必再浪費任何一分鐘做決定。現在，做就是了。

* 譯注：典自美國牧師羅伯特・舒勒（Robert H. Schuller）在一九七三年出版的書《你可以成為你想成為的人》（*You Can Become the Person You Want To Be*）第二章開頭。

合理與超乎常理

我在那張紙巾潦草寫下「超乎常理的款待」這幾個字時，壓根不知道如何付諸實踐。然而，你不需要確切了解構想的意義，就可以著手去做；通常，你需要的只是一種感覺，知道自己想追求什麼。只要開始推動，嘗試不同的做法，這個想法就會開始定義自己。

行為科學專家奧美集團副總監羅里・薩特蘭（Rory Sutherland）說，一個好構想的相反也應該是個好構想。因此，超乎常理的款待會是一股強大的力量。和超乎常理的款待相反的服務，不是對顧客不好，而是合理的款待——這是經營事業的良好做法。然而，我們無法靠合理的款待登上世界第一的寶座。

因此，我們要用激進的方式改變我們的款待之道。主要是因為我寫下的那幾個字「超乎常理的款待」，孕育出一個重要的構想，成為我們之後做每一件事的核心精神。也就是說，不但讓顧客感到賓至如歸，更要讓他們感覺我們和其他餐廳大有不同。

我們在很多精妙的細節下功夫，提升顧客體驗：乳白色的桌巾、真皮精製的酒單本、沉甸甸的高質感餐具——都是為了傳達我們在追求卓越上的努力。但是，我們要打造出一間獨特的四星餐廳，不僅事先預想到每一個可以讓用餐過程更舒服的細節，並讓顧客能感覺到真正的舒適。這就是我覺得麥迪遜公園11號可以脫穎而出的地方。的確，追求卓越要講究細節——改正錯誤、技巧精湛、精益求精。但我希望我們好好修練款待之道，使細節好到讓人覺得達到超乎常理的地步。

當我們坐在宏偉的倫敦市政廳，等待世界五十大最佳餐廳排行揭曉時，我發現那裡的每一個人，包括丹尼爾和我，都為了追求卓越，做出種種超乎常理的努力。但是，幾乎所有人都把焦點放在盤子裡的東西。老調重彈：魔法是廚房創造出來的，外場是跑龍套的。

那時，麥迪遜公園11號有一道料理很有名，就是把櫛瓜切成薄如紙，一片片擺在大菱鮃魚排上，用來模擬魚鱗。我們在魚肉淋上橄欖油，加上香草，置入真空袋，以攝氏五十四・二度舒肥十八分鐘，然後放在蕃紅花肉湯上，搭配一朵炸過的包餡櫛瓜花。

這道料理的每一個元素都歷經好幾週的研究、開發與測試；負責每一部分的人員都得接受好幾個小時的訓練才做得出來。而顧客兩口就吃完了，也許品嘗這道菜的時間只占他們生命中短短的三分鐘。

這樣做不符合常理，但太銷魂了。我已經見識過麥迪遜公園11號專注於優雅卓越會帶來什麼樣的影響力，所以我很好奇：如果我們在款待顧客方面像準備料理那樣超乎常理的用心，會有什麼樣的結果？

款待不是商業交易

我們經常用泡泡來比喻我們為每一桌顧客創造的氛圍。

如果上菜的時間剛剛好，燈光與音樂都很好，我們的服務無微不至又不會打擾到顧客，也就是說，我們總會在顧客需要的時候出現，不需要的時候則不會現身，如此一來，每一桌都會有一個泡泡包覆起來。顧客不會被其他人打擾而分心；可以沉浸在這次的用餐體驗中；時間也將不復存在。

如果等老半天，菜還沒上桌；一整個托盤的玻璃餐具摔到地上；或是印表機在離桌子幾英尺的地方吱吱嘎嘎的列印，泡泡就破了，魔法也隨之消失。

我們努力使服務完美無瑕，上菜的節奏剛剛好，沒有人掉落托盤。但是，只要印表機還留在用餐區，泡泡就會一直破掉。這提醒我們，顧客是坐在我們的營業場所，我們無法讓他們感到賓至如歸。

於是，我仔細檢查用餐區，去除一切會讓人覺得像是交易的東西。我們先把POS機台移走，這是餐廳用來輸入訂單、列印帳單的機器。這並不難處理，只是我們必須在廚房旁邊增加一個房間，把機台、銀製餐具、玻璃杯等器具放在這裡。

但我發現，要施展款待絕技，最好的地方是在大門，也就是我們迎接顧客的地方。

通常，你進入餐廳走近領班時，會發現他站在櫃檯後面，平板螢幕的冷光打在他的臉上。你說：「你好，我有訂今天晚上的位子，」然後報上名字。領班低著頭，在螢幕上戳了幾下，然後轉身，對領檯員說：「帶他們到二十三桌。」這就是商業交易——螢幕、顧客像貨物一樣在餐廳裡流轉、桌號。

也許這麼說誇張了一點。當然，許多很棒的餐廳都能優雅、溫暖又有禮貌的處理這種商業交易。然而，只要領班站在櫃檯後面，他們和受到接待的人之間就有一道壁壘，在那一刻，款待的品質就只有合理的程度而已。反之，如果你去朋友家吃晚飯，他們都是敞開大門，和你四目相交，親切的叫你的名字歡迎你。

我在這裡看到大好機會。

我第一次和顧客關係團隊坐下討論要撤掉門口櫃檯的時候，他們仍有一些疑慮。但是，如果你不只是解釋做法，更詳述背後的原因，團隊成員就能把很多看似不可能的想法化為現實，讓你驚訝。

不久，顧客走進我們的餐廳大門，看不到站在櫃檯後方盯著螢幕的人。迎賓組的人員會叫出名字，歡迎他們：「孫女士您好，歡迎來到麥迪遜公園11號。」顧客第一次獲得如此體驗時驚訝的表情，總教我百看不厭。

每一晚，領班都會拿著訂位名單，用Google搜尋訂位人的姓名，並且製作小抄放上每位顧客的姓名與照片。如果你的照片曾經出現在網路上，我們就找得到；如果你和照片上的人長得有一點點像，我們就能叫出你的名字。訂七點半位子的顧客入座後，領班就開始研究訂八點位子的顧客的小抄。

我得交代清楚：那個櫃檯還在，只是移到入口附近的角落，顧客進來的時候看不到。我們另外安排一位員工站在櫃檯擔任「播報員」，負責和內場聯繫，確認桌子是否準備好了。那個員工會向領班打手語，領班一邊輕鬆的和顧客寒暄，一邊注意指示。如果桌子準備好了，領檯員就會前來帶顧客入座；要是桌子還沒準備好，櫃檯後面的員工會打另一種手語，領班就會把顧客引導到吧檯喝飲料，請他們稍待一下。

這並不是什麼高深的學問，但的確需要你有意願排除萬難去執行。不過，對我們來說，比較需要技巧的地方在於執行面，因為站在門口迎接顧客的領班，也是兩天前和他們確認訂位的人。

在大多數的餐廳，訂位是由訂位組的人員負責確認。顧客來用餐時，他們早就下班了。但我們是由領班確認訂位，因此在顧客踏進餐廳之前，領班已經開始跟顧客建立關係。顧客進門後領班就能說：「孫女士您好，我是賈斯汀，前幾天曾打電話給您。很榮幸今晚能款待您。」

走進像麥迪遜公園11號這樣的高檔餐廳，可能會讓人有點戒慎恐懼。但如果在門口迎接你的人是你幾天前才通過電話的對象，自然就會比較安心。而且，撥打確認電話的目的在於，在顧客到訪前更了解他們，並詢問此次用餐是否是為了慶祝特殊的日子。如此一來，賈斯汀就可以說：「生日快樂！很高興您在我們餐廳慶生！」

顯然，撤走門口的櫃檯後，我們的服務反而變得更複雜。除了搜尋顧客的資料，以及採用種種非語言上的溝通，我們在排班上還得策略性的下功夫，確保打電話確認訂位的領班和站在門口迎接顧客的領班是同一個人。對很多餐廳來說，這些額外的繁瑣步驟太麻煩了。但是，我記得多年前艾維士租車公司（Avis）的廣告裡有這麼一句話：「我們比別人更努力。」

我不知道這則廣告是真實反映這間公司的企業文化，還是麥迪遜大道上某個廣告天才的神來之作，用來凸顯艾維士和其他相似的租車公司之間的差異。然而，這句廣告詞一直在我腦海裡盤旋。這不正是優秀與卓越的差別？你執著於一個構想，願意比別人更努力，甚至到超乎常理的地步，為的就是實現理想？

打從和顧客接觸的第一步，就設法去除商業交易的感覺，對顧客體驗帶來如此巨大的影響力。於是，我還想更進一步，為這一餐畫下完美的句點。如果我們用更熱忱的態度歡迎顧客，我也希望像朋友一般跟他們道別。

「我希望顧客寄放大衣不用拿領取單，」我告訴帶領迎賓團隊的杰彼・普洛斯（JP Pullos）。

「好。怎麼做呢？」

「不知道。但你會想出好辦法的，」我告訴他。如果領導者對部屬有信心，就用不著知道每一項計畫裡的細節。

杰彼果然想出來了——他提出的辦法確實很棒，也就是按照桌號排放顧客的大衣，並且在衣帽間門口額外再加一個小衣櫃，作為「衣帽準備間」。

在顧客用餐時，領檯員每隔一段時間就會巡視一下用餐區，記錄顧客的用餐進度，計畫下一組進來的顧客要坐在哪裡。開始實行新流程後，當領檯員注意到某一桌顧客正在結帳，就會派人去衣帽間，把他們的衣物拿出來放進衣帽準備間。顧客一旦結帳完畢，往大門的方向前進，我們已經拿著他們的大衣在門口恭候。

當時，沒有人這麼做；現在也很少餐廳這麼做。真可惜，這是每晚我覺得最有趣的其中一個時刻。你會看到顧客一邊走向大門，一邊低著頭在口袋或皮包裡翻找領取單——「咦，我放在哪裡了？」接著，他們抬起頭，看到自己的大衣。結尾這個戲法總讓顧客再度驚奇，這一幕我怎麼看都看不膩。

款待是對話，不是獨白

要訂到瑞歐斯餐廳（Rao's）的位子根本不可能。

瑞歐斯是在一八九六年開業，位於紐約哈林區，專賣義大利風味的家常菜。我說永遠訂不到，是說真的，因為他們不接受訂位。只有少數幾個人能「包桌」，除非包桌的人邀請你，否則永遠吃不到。

經過多年努力，問遍我認識的每一個人，有一天我終於收到邀請。這一餐教我永生難忘；肉丸也是我吃過最好吃的。儘管用餐體驗跟在我們餐廳吃飯大異其趣，我依然留下深刻的印象。

瑞歐斯沒有菜單，一個名叫背心尼基（Nicky the Vest）的男子拉了張吧檯椅到我們桌邊，告訴我們可以選什麼。我們選好前菜後，他才告訴我們有什麼義大利麵；等我們挑好麵，他才會說有什麼肉。這是一場對話——或者說這感覺就像一場對話，儘管你最後還是會選擇尼基認為你應該吃的料理。

我喜歡這樣，感覺就像去奶奶家吃晚飯。所以離開餐廳時，我相信我們也應該丟掉菜單。

那晚，體內的酒精消退之後，我認為現在還不是採取這種激進行動的時候。（再過一些時間，就可以這麼做了。）但是，這種點菜方式就像是餐廳與顧客來回交流對話，讓我深受吸引。丹尼•梅爾曾說，款待是對話，不是獨白。他用對話來譬喻款待，但我希望餐廳與顧客之間真的能有對話。

多年來，我們一直提供單一定價的套餐與主廚精選品嘗套餐。前者給顧客控制權，而後者則往往能讓人驚喜。

我想要提供不那麼二元化的選擇。品嘗套餐的出人意表以及行雲流水非常吸引人，如同說故事般娓娓道來，但這也是指令式的陳述，用餐者接受廚房的獨白：「這就是你今晚要吃的東西。」

各位現在可能已經有點概念，我喜歡掌控事物，特別是晚餐，因為我有點挑食。我討厭有腥味的魚，也不吃內臟。但我也是個饕客，我不但得確定自己不吃的東西不上桌，也要吃到自己想吃的東西。

關於菜單，我們想出一個全新的構想，讓顧客與餐廳都有掌控權。一般來說，菜單上會列出所有能夠選擇的料理，像是牛排配薯泥與雞油菌菇等。你決定想吃什麼，那道料理就會出現在你的餐桌上。不過，很多品嘗套餐等於是無菜單料理，你得等到料理端到面前，才知道會吃什麼。

前者的美妙之處是控制，後者的美好之處是驚喜。我們的新菜單兼具兩者的優點。我們依照主要食材列出料理。例如，某個晚上，顧客可以從主菜中選擇要吃牛肉、鴨肉、龍蝦或花椰菜。顧客不但有控制權，能選擇自己想吃的食材，同時也不知道這道料理如何準備或烹調，因此等到菜送上來時，會感到驚喜。

丹尼爾非常喜歡這個嶄新的菜單形式，因為他可以彈性應變——如果供應商送來幾盒品質極佳的酸模葉或四季豆，讓他驚喜，他就可以把這些食材加進料理，不必重印上百份菜單。我也喜歡這樣做，因為可以讓團隊和顧客對話。正如《紐約時報》的奧利佛・史全德（Oliver Strand）在一篇題為〈麥迪遜公園11號：好，還要更好〉（At Eleven Madison Park, Fixing What Isn't Broke）的文章所言：「這樣的菜單幾乎變成抽象的概念，不是用種種活色生香的描述來吸引人，而是一種推理——或是挑動——讓你和服務生討論想吃什麼。」[8]

推出新菜單幾個月後，我去桃福包吧吃飯後，更決心實行這種對話和選擇的想法。包吧的菜單右下角有一個小小的文字方塊，提醒顧客：「食材無法更換，亦不接受特殊要求。本店不提供素食料理。」

等等，什麼？我向來很尊敬主廚，也知道替換某些食材會破壞料理的完整性。但是從款待的角度來看，這份菜單明確表態「無論如何都無法通融」實在令人震驚，和我的信念背道而馳。（值得注意的是，後來桃福的老闆張錫鎬變得比較會變通，成為我所知道最懂得款待顧客的主廚之一。）

但那天晚上，我的目光一直停留在菜單上的文字方塊。睡前，我一邊小酌紅酒，一邊記下我的感觸。如果顧客不吃肉，餐廳怎麼能夠告訴他們，要在這裡吃飯，就非吃肉不可？我們設計的新菜單確實非常棒，能迎合顧客的需求，讓他們決定想吃什麼——但是，我們是否提供足夠的空間，讓他們對不想吃的東西有發言權？

當時，我們和其他餐廳一樣，會在餐前詢問顧客是否會對任何食物過敏。但是，不讓顧客吃到致命的食物，一命嗚呼，是最基本的吧。我們應該可以做得更好才對吧？如果我們問他們有沒有不喜歡吃的食材，這樣做會如何？或是，有沒有當晚沒心情吃的東西？這應該是適當的對話。

我花了點時間才說服丹尼爾與廚房團隊採用新菜單。畢竟，他們必須承擔大多數困難的工作，在已經盡善盡美的料理上，提供無盡的變化。如果料理本來是雞肉佐蘆筍與羊肚菌菇，但顧客不喜歡菇類，廚房團隊就得準備好可以替代羊肚菌菇但同樣美味的食材，以備不時之需。這就是「超乎常理」的定義。然而，丹尼爾可以看出，如果我們能做到，這將是革命性的構想。（我也打出「這對我很重要」的王牌。）

我們決定試試看。但這個構想差點要失敗了。

我們開始詢問顧客對食物的偏好。幾週下來，卻發現每一桌顧客都說他們沒有不吃的食材。於是，我親自到外場服務，看能不能找出原因。

附帶說一下，對領導者來說，要找出某個構想為什麼行不通，或是怎麼做才可以改進，最好的辦法莫過於親自上陣，去做執行構想的員工在做的工作。一般而言，這是很好的做法。如果你是一間連鎖飯店的執行長，一年當中可以抽出幾天去站櫃台；如果你是一間航空公司的經營者，可以親自去機場報到櫃台服務，或是在經濟艙幫忙提供飲料與蝴蝶脆餅給乘客。不能只是做做樣子，必須站到第一線去服務。我打賭你的收穫會讓你吃驚，因為我總是如此。

儘管我的服務技巧不夠熟練，遠不如優秀的領班，和我一起工作的員工會比較辛苦，但是服務過幾桌顧客之後，我就知道問題在哪裡了。

當時，安德魯・齊默（Andrew Zimmern）與安東尼・波登（Anthony Bourdain）的身影經常出現在電視上，生吃眼鏡蛇心臟、鴨仔蛋，喝蠶蛹湯。所有高端菜單都標榜採用珍稀食材——義大利紅菊苣（treviso）！義大利辣臘腸（'nduja）！刺苞菜薊（cardoon）！——這些食材都很罕見，就連老饕都得在桌子底下用Google搜尋查找。

如果你是熱愛美食的人，而且我們大多數的顧客都是這樣的人，現在的趨勢是什麼都吃。你要是說不喜歡茄子的口感、魚子醬吃起來很噁心，或是承認你討厭甜菜，因為你媽經常從罐頭裡挖出爛糊的甜菜上桌，那就太遜了。如果你不會跟最親近的摯愛坦白這些事，肯定不會告訴四星餐廳的領班。

因此，下一次我提問的時候先說實話：我告訴顧客我不吃海膽。海膽是一種珍貴的海鮮，不易捕捉。這是不少饕客喜歡的珍饈，吃起來香濃細滑，也是主廚喜愛的食材。但我光是想到海膽，就會想吐。

果然，我坦白之後，坐在第二個座位的顧客跟著說：「其實，我不太喜歡生蠔，」他太太也說：「我討厭芹菜。」

直到我顯露自己的弱點，我服務的顧客才願意鬆口，顯露自己的弱點。表白自己不喜歡某種東西是一種脆弱嗎？我認為是的——你愈願意表露自己，顧客也更願意吐實。

對我來說，在那一刻，新菜單才算是真正的成功。我們把原來的單向對話變成真正的交流。

把每一個人當成VIP

跟知名教練上一對一健身課程；在瑞典海岸的燈塔住上三晚；公園大道上要價二萬五千美元的皮膚科診所療程；終身免費享受頂級面霜；鑲有水晶的蒂芬尼（Tiffany）貓

咪項圈；一年免費租用奧迪汽車；為期十日的日本徒步旅遊行程。

超乎常理的款待之道不是我們的創舉，然而如此高檔的服務向來只有少數人才能享受，例如名人、政治人物、富豪與菁英人士。想想奧斯卡入圍者收到的大禮包，（上面列出的只是其中幾樣禮物）。

對我們來說，超乎常理的款待之道意味著，要為每一位顧客提供無微不至、互動性高的服務。

我們在重新構想廚房之旅時，首次嘗試一視同仁的做法。很多提供精緻餐飲的高檔餐廳都有一張主廚桌，每晚只有一桌顧客得以獲得特殊服務，這種安排一直讓我心煩。即使在我們餐廳，也只有超級VIP可以進入廚房參觀。但是，如果我們相信超乎常理的款待精神，並擁抱這樣的信念，就應該讓每一位顧客都能體驗最棒的部分。

於是，我們在廚房找了一個視野特別好的角落，可以看到三十位經過嚴格訓練的廚師，投注百分之百的專注力，安靜的在這個巨大、光潔明淨的廚房工作；我們在這個角落擺放主廚桌。但是，這張主廚桌沒有椅子，我們改為準備一道料理讓顧客在這裡站著享用。

因為只有一道料理，所以很多顧客都能進來體驗，只要有興趣的人都可以參加。（這道料理可以是任何類型，但不會是甜點，所以在用餐期間的任何時刻享用都沒問題。我們第一次提供的是液態氮雞尾酒。）我們甚至招募一位專職的廚房導覽員。當然，不是每一個人都想要看我們的廚房。有些人是來談生意的，也有眼裡只有對方的愛侶，或是單純只是想來用餐的顧客——我們的服務人員就不會去打擾他們。但面對其他人的時候，不管你們是Jay-Z與碧昂絲，或是為了四星餐廳初體驗存夠錢才能上門的夫妻，只要有興趣，都可以到我們的廚房一遊。

如何用款待精神來解決問題？

從款待精神的角度來看，一餐的結尾特別要小心。首先，顧客該付錢了——這總不是開心的事。看到帳單上那個冷冰冰的數字，會覺得像是被潑了一桶冷水，暖心款待的魔法突然消失無蹤。

此外，時機很難掌握。有些顧客準備離開，真的就是要走了。如果還要等帳單送來、結帳、走到大門的過程太漫長，就會很不耐煩。（我就是這樣！）然而，同樣的，要是顧客沒說要結帳，你就不能先把帳單放桌上，否則他們會覺得你在趕人。

在麥迪遜公園11號，我們用款待精神來解決這兩個問題。我們不會等顧客開口要求結帳。反之，當顧客用餐完畢後，我們就把帳單放在桌上——並且送上一整瓶干邑白蘭地。

我們會先幫每一個人倒一杯酒，再把整瓶酒留在桌上，並且表示：「這是我們招待的。如果您想續杯，請自己倒。要是您準備好離開，帳單就在這裡。」

大家都很高興。他們這一頓吃了三小時，都有人服務，根本不用動到一根手指，但現在可以幫自己倒酒，不免感到奢侈又驚喜。這正是我想要複製並且重現的感受：那個時刻，在晚餐派對的最後，其中一位賓客會傾身，拿起桌上幾乎見底的酒瓶，幫每一個人斟酒。

更重要的是，我們既然送上一整瓶免費的酒，顧客就不會覺得我們在趕人。同時，帳單也在桌上了，隨時都可以結帳離開。顧客不會有突然被帳單「轟炸」的感覺，也用不著開口叫我們送帳單。

這就是用款待精神來解決問題。我們沒有偷偷削減服務，而是反其道而行，提供更多服務，讓顧客驚喜。

每當要面對棘手的問題時，我們經常會採用靠得住的老方法：再加把勁、提高效率、縮減開支。特別是這些問題已經侵蝕到利潤，讓人傷腦筋，或者因為組織得依賴員工運作，而人會犯下形形色色的錯誤，導致問題一直沒辦法解決。

試想，如果不採用這些老方法，而是改問自己：如何用款待精神來解決問題？如果你強迫自己發揮創造力，找到可行之道，善用慷慨與非凡的服務來解決問題，會有什麼樣的結果？

你絞盡腦汁才想出來，但這些方法幾乎總是難以執行。然而，只要能夠實行，幾乎總是能成功。如果在顧客用餐的三小時，餐廳持續用心的服務已經搏得好感，最後犯錯卻會抹殺一切；那麼，最後採用優美、殷勤的舉動來收尾，將可以帶來錦上添花的絕佳效果。（這個做法適用於所有的服務業。）

雖然送給每一桌顧客一整瓶昂貴的酒，似乎是超乎常理的慷慨做法，然而這瓶酒確實可以帶來成本效益。其實，吃完這麼多道料理的套餐（通常還配上一堆美酒），沒幾個人會想喝那杯酒，甚至可能一滴都不想碰，但這瓶酒會讓他們覺得暖心、滿足。

第十八章

即興款待

一天下午，我幫一桌顧客收走開胃菜的盤子。坐在那張四人桌的是一組歐洲客人，用完餐後準備直接前往機場。

在此，我得很快說句悄悄話：看到顧客拖著行李箱進來我們餐廳最令我開心。這意味他們選擇這裡作為在紐約的第一餐或最後一餐，也是他們對這座城市最初或最後的回憶。我覺得榮幸之至，也感到責任重大。

對了，另外補一句：我在當總經理的時候，常常幫忙收拾桌子。那時，由我來幫顧客點菜根本沒有意義。要介紹餐點或是提供餐酒搭配的建議，領班與侍酒師比我做得好多了。但是親手收拾桌子可以讓團隊知道，我是來幫忙的，我不只可以利用這個機會查看顧客用餐的狀況，也不必擔心他們問了問題，我卻不知道怎麼回答才好。

不管如何，我在清理歐洲顧客坐的那一桌時，無意間聽到這四位顧客說起他們在紐約的美食冒險：「我們已經吃遍紐約！丹尼爾餐廳、本質餐廳、桃福……現在來到麥迪遜公園11號。唯一的遺憾就是沒吃到街頭的熱狗。」

如果你那天正好在我們餐廳裡，就會看到我頭頂的電燈泡亮了，就像卡通那樣。我隨即把髒餐盤放到廚房，跑出去，衝到街角去找亞伯拉罕（Abraham），在插著薩伯列特品牌（Sabrette）藍黃色遮陽傘的小攤子買了一份熱狗。

接下來這一關就難了：我把熱狗拿到廚房，請丹尼爾裝盤。

他瞪大眼睛看著我，好像我瘋了一樣。我一直在努力挑戰極限，但在一間四星餐廳給顧客吃紐約客俗稱的「髒水熱狗」？*我堅持立場，請他相信我——我說，這對我很重要——他終於妥協，幫我把熱狗切成四等份，擠了些芥末、蕃茄醬，加上一小團完美的德式酸菜，再放到四個盤子上。

在最後一道「美食」登場的前一刻，我向顧客承認自己不經意聽到他們的談話：「你們在紐約的最後一餐決定來我們餐廳吃，讓我們覺得受寵若驚，但我們不希望你們帶著任何遺憾回家。」接著，服務生把用心擺盤的熱狗端出來，放在每一位顧客面前。

他們全都驚訝到下巴掉下來。

截至那時為止，在職業生涯中，我已經送出成千上萬道料理給顧客，價值數萬美元，但我可以自信的說，從來沒有人像那桌歐洲客人那樣反應這麼大。後來，這幾位顧客在離開餐廳前告訴我，這份熱狗不只是這一餐的亮點，也是他們紐約之行的一大驚

---

* 譯注：髒水熱狗（dirty water dog）是紐約具有代表性的街頭小吃，指的是由水煮熱狗製作而成的熱狗堡。由於水中會加入各種辛香料、調味料等，還融入烹煮熱狗時釋放出來的油脂，這鍋「高湯」就變得混濁，才被稱為「髒水」。

奇。日後，他們將不斷重述這個故事。

運動員如果在比賽中慘敗，會去看賽事錄影畫面，檢討必須改進的地方。但是如果他們贏了，則很少會再回頭看比賽畫面——其實，你得不斷回頭審視、反思、改進，才能慶祝勝利並且保持佳績。於是，我在班前例會提到這份熱狗的故事：這份禮物為什麼特別讓人驚喜？這種做法要怎樣才能系統化？

尋找傳奇

史帕哥餐廳有一位常客，每週五天都會在那裡吃午餐。由於他身形龐大，一般餐廳的座椅總是尺寸太小，讓他坐得不舒服。史帕哥餐廳在比佛利山莊開分店時，老闆娘是芭芭拉・拉札洛夫（Barbara Lazaroff），她是沃夫岡・帕克當時的太太，也是公司裡充滿創造力的人才。老闆娘和那位常客的太太聯絡，請她偷偷拍張照片，要拍的是先生在家最愛坐的那張椅子，並且量好尺寸。接著，芭芭拉找家具製造商仿造這張椅子，連椅面都選用一模一樣的布料。

我對這件事印象深刻，不只是因為我在史帕哥打工那個暑假，每天早上都得去餐廳後面，把那張特製的大椅子搬出來，放到常客坐的那一桌。當時，我還不知道如何描述這樣的舉動，但現在我會說了：我讚嘆老闆娘，因為這件事太「超乎常理」。一想到那位常客第一次在史帕哥看到自家椅子的表情，我就樂不可支。

為常客特別訂做一張椅子，已經遠遠超過一般服務；這是一種極端的體貼、包容與慷慨。更重要的是，這是絕無僅有的款待——就像我們為顧客獻上的那份熱狗。

聽樂團表演你喜愛的曲子是很有趣的體驗，但是如果他們開始即興演奏，你知道只有在今晚、只有在現場的人聽得到這個特別的版本，那就更加美妙。這就是為什麼死之華樂團（Grateful Dead）的粉絲要交換丹佛紅石露天劇場演唱會的盜版錄影帶，因為每一個版本都完全不一樣。

我想即興發揮，一次為一位顧客提供獨特的服務。我希望不只是任何一晚來我們餐廳的顧客都有特別的體驗，如果每一個人的體驗也都是獨一無二，和其他的人不同，那會怎麼樣？有了新菜單，顧客就能自己選擇。現在，我想盡可能給更多顧客更多的喜悅——來自真正有人重視他們、傾聽他們心聲的驚喜。

史帕哥那張特別訂做的椅子或許花了芭芭拉幾千美元，也很讓人感動，但卻無法擴大規模實施；我們不能為每一個來用餐的人都這麼做，即使只有少數幾名顧客也沒辦法。但是，那份熱狗證明我們不需要大手筆找家具製造商，也能帶給顧客畢生難忘的體驗。只要我們睜大眼睛、豎起耳朵，注意顧客的需求。

在接下來的一個多月，我們開始研究如何施展款待的魔法。如果有一桌顧客在用餐時一直在說他們很愛某一部電影，但是多年前看過，已經忘得差不多了，我們給顧客帳單時，就會悄悄附上那部電影的DVD光碟（還記得這種東西吧？）。要是一對夫婦來我們餐廳慶祝結婚紀念日，還提到他們在附近的飯店下榻，我們就會送一瓶香檳過去，附上手寫卡片，感謝他們的信任，決定在我們餐廳慶祝這個重要的日子。而且，我們會確保他們晚上回房就能看到這份驚喜。

有一組顧客共有四個人，他們在用餐時辯論是否該在孩子乳牙脫落時，假扮成牙仙，在孩子的枕頭下放一枚硬幣。於是，每次有人去洗手間回來，就會發現餐巾底下多了一枚二十五分錢的硬幣。也有顧客告訴我們，他們多愛曼哈頓調酒，於是我們在他們用餐結束時獻上一系列不同的曼哈頓調酒——包括完美曼哈頓（名稱由來不是因為這款調酒是原始版本的改進版，而是因為它採用等量的甜苦艾酒與不甜的苦艾酒調製）；還有用法國開胃苦艾酒調製的布魯克林；以及，用陳年龍舌蘭取代波本威士忌調製的聯邦特區調酒。

這些小動作讓顧客心花怒放，員工更是樂此不疲，為了想出更酷的構想絞盡腦汁。我們不但已經成功解鎖這項重要技能，而且還想要經常施展。只有一個問題，而且是個大問題：人手不夠。在一間忙碌的餐廳，我們無法叫幾個人在幕後埋伏，等著跑腿。畢竟，原來的服務必須維持無懈可擊，我們不能為了施展魔法，把外場人員抽調出來。

如果我們一定要這麼做，那就必須找專人負責。

克莉絲汀・麥葛瑞斯（Christine McGrath）是我們的領檯員，也是訂位組的人員，字寫得非常漂亮。早期，我們很常需要致贈手寫卡片給顧客，於是經常把她從原本的工作職務中拉過來，要她幫忙。顯然，她可以專職負責我們的即興款待計畫。於是，我再雇用一個領檯員，讓克莉絲汀全力投入在這個新計畫。就這樣，我們有專人負責執行這些構想，第一任織夢人正式上任。

這個職稱源於蓋瑞・賴特（Gary Wright）在一九七〇年代唱的一首經典老歌的歌名。這是我心愛的一首歌，因為我第一次親吻一個女孩時，正好有人放這首歌。（現在這首歌恐怕會在你腦海停留一整天——對不起囉。）

當然，克莉斯汀就職之後，我們就能更頻繁持續的施展款待的魔法。同時，我也在想，還可以怎麼做。然後，有一天晚上，我去丹尼・梅爾開的披薩店瑪塔（Marta）跟友人聚餐。我們那桌的服務生愛蜜麗・帕金森（Emily Parkinson）說，她對我們特別殷勤，是因為她曾經一個人去麥迪遜公園11號用餐。

她還說，她把那天吃到的料理畫了下來。

一開始，我以為我聽錯了。大多數的人都會拍美食照，愛蜜麗則是把美食畫下來。其實，她在我們餐廳用餐時，先用鉛筆素描打底，後來才用水彩完成畫作。

太讓人驚艷了！我請她拍幾張照片給我看。第二天一早，她的插畫已經在我的收件匣裡。〔各位也可以看到她的作品。紐約美食雜誌《葛魯伯街》（*Grub Street*）刊登過一篇文章，介紹愛蜜麗在麥迪遜公園11號畫下的餐點。〕我才看一眼，就馬上打電話給朋友泰瑞・考格林（Terry Coughlin），也就是瑪塔披薩的總經理：「我們要在麥迪遜公園11號做一件很酷的事，我想把愛蜜麗挖過來。現在就告訴我，你可能放人嗎？」

有了愛蜜麗的藝術天賦，我們這項計畫如虎添翼。不論任何瘋狂的構想，都可以交給她實行。有一對夫妻即將離開紐約，搬去鄉間成立家庭，能為他們的新家畫一幅水彩畫嗎？好的。做一個三英尺高的走獸造型醒酒瓶給一個熱愛葡萄酒的《星際大戰》（*Star Wars*）超級粉絲？沒問題。交給她的任務，她都完美執行，在這些刺激之下，我們的團隊更加野心勃勃。

不久，我們就招募到好幾位織夢人，在設備齊全的工作室工作。（他們的工作室就在訂位組的辦公室裡頭——我不是說過，我們都把東西堆在那裡！）這裡就像聖誕老人的工作室，有皮革打孔器、金屬加工工具、縫紉機，以及你能想到的所有藝術用品。一有機會，我們就會善加利用。

後來，愛蜜麗與織夢人團隊畫了一幅田園風光，畫中有牛與鴨子，如果有以親手獵捕野味著稱的餐廳主廚來訪，就可以在廚房之旅拿起玩具槍對著這幅畫射擊，決定他要吃什麼主菜。

領班無意中聽到外地來的常客後悔說，這次忘了買答應帶給女兒的絨毛玩具。愛蜜麗就用廚房紙巾做了一個完美的小泰迪熊給他帶回去。

有一對夫婦本來要搭飛機出國度假，不料航班被取消，為了安慰自己，決定來我們餐廳吃一頓大餐。於是，我們把私人包廂變成私人海灘，擺上沙灘椅，地上鋪滿沙子。他們一邊把失望拋在腦後，一邊暢飲裝飾著迷你小紙傘的黛綺麗調酒，還可以把腳伸進桌子底下的充氣戲水池。

還有一對夫婦是在我們餐廳舉辦結婚典禮，慶祝結婚紀念日時又來到我們餐廳。我們特別空出私人包廂，讓他們在這裡享用甜點；因為他們結婚那天，就是在這個包廂用餐。我們在包廂布置了鮮花、蠟燭與香檳桶，所有浪漫元素都湊齊了。等他們吃完甜點，我們把燈光調暗，播放他們的婚禮歌曲比爾・威瑟斯（Bill Withers）的暢銷金曲〈美好的一天〉（Lovely Day）——這是我們在記事本中發現的一項小細節。然後，我們把燈光調得更暗，悄悄的關上門。

我們早就開始上網Google搜尋顧客的照片。如此一來，我們就能叫出他們的名字，和他們打招呼寒暄。這個做法是了解顧客的重要管道。有一位先生即將來我們餐廳過生日，我們發現他用自己熱愛的食物「培根」設立了Instagram帳號，而且已經有非常多粉絲。我們送給顧客的穀麥片本來是椰子片與開心果做的，我請甜點主廚為這位先生特別做了培根版本的穀麥片。還有一位顧客很愛甜筒冰淇淋，因此Instagram帳號的照片都是甜筒冰淇淋。所以，我們特別幫她做了甜筒冰淇淋套餐，上面有各種奇異到讓人想像不到的配料（只有技術高超的廚師才做得出來）。

這些都是絕無僅有的體驗，不可能在其他地方出現——即使在同一家餐廳用餐，也和其他桌的顧客體驗不同。這就像死之華樂團獻給現場歌迷的特別演出；在麥迪遜公園11號，如果要完整捕捉一個夜晚的體驗，你得偷偷錄製四十個版本。

一天晚上，有位急著幫新公司募資的銀行家顧客向我們的領班開玩笑：當然，餐後能來一杯很棒，但他真正需要的是一百萬美元，才能達到門檻。可惜，我們預算有限，只能把十片「100 Grand巧克力」放在袋子裡，塞在他的椅子下。*

這位顧客發現這袋巧克力後，放聲哈哈大笑，用「傳奇」來形容他度過的這一晚。我在班前例會說起這個故事，後來我們就用「傳奇」這兩個字來代表這樣的巧思——例如，「我昨晚服務某一桌顧客時，有超厲害的傳奇之舉」。

當我們了解讓這些事情變得如此傳奇的原因，「傳奇」這兩個字就有了更大的意義。換句話說，顧客因而有了故事，可以講述親身經歷的「傳奇」。

為什麼有人會為了求婚，花費那麼多的時間與心思？因為他們知道這是可以講述一輩子的故事。最棒的故事有兩種功用：首先，讓你回到那個時刻，你不只是在講述經驗，而是在重溫舊夢。其次，故事本身告訴你，在那個時間點，別人會注視你、聽你說。

現在的人，尤其是年輕人，比起獲得更多事物，反而對收集經驗更感興趣。然而，餐廳裡的料理和很多服務體驗一樣，吃進肚子就沒了。你可以把菜單帶回家，可以把美食拍下來，但卻無法重新體會吃下那一口鵝肝的感覺。

---

* 譯注：Grand是千元美鈔的俗稱，所以100 Grand也代表十萬美元。

然而，如果你能把一則好故事帶回家，就能回到體驗到美好的那一刻。這就是我們為什麼如此重視傳奇。如果顧客是為了收藏經驗而來，我們做的這些事就不是花招，而是一種責任：提供人們一段美好的回憶，讓他們得以和我們一起重溫這個經驗。

因此，真正的禮物不是街頭小吃熱狗，也不是一袋巧克力，而是讓傳奇成為傳奇的故事。

給得更多會讓人上癮

這些額外的優美行動——也就是我們製造的「傳奇」——帶來巨大的能量。

儘管用餐區團隊表現出色，對自己做的事充滿熱情，然而無論你多熱愛自己的工作，每晚都做同樣的事，總會感覺乏味。

在餐廳業中，得以發揮創造力的通常是廚房裡的人，像是跟主廚一起研究新菜色或是烹煮員工餐；我可以打包票，如果你煮的員工餐不好吃，一定會有人反映。有了傳奇計畫，用餐區團隊的每一個人也都有機會表現——他們不只是幫忙把別人的創意端到顧客桌上，也能注入自己的創造力。

推行傳奇計畫之後，不管是看別人做，或是親自執行，工作都因此變得有趣；畢竟我們過去已經夠努力，根本沒有享樂。我甚至設立一個不公開的Instagram帳號來記錄這些傳奇，萬一員工休假沒看到，就可以查看這個帳號，獲得鼓勵與啟發。我們也會在班前例會讚揚每一個傳奇。

如果你是某個傳奇背後的主事者，馬上會想再做一次。看顧客發現我們做的事，然後展現出驚奇與喜悅的表情，那一刻就像見證巨大的轉變；一旦你有這種感覺，就會想再體驗一次。

顧客並非唯一的受益者，每次員工來用餐，我們也會使出渾身解數。

值得一提的是，當時一些老派、知名的精緻餐飲高檔餐廳不允許員工在自家餐廳用餐。這麼做的理由在於，顧客可能發覺隔壁桌是曾經服務過他們的人，因此用餐的體驗會打折扣。畢竟，誰想坐在「下人」旁邊——不是嗎？

這讓我火冒三丈。這項規則只是要告訴那些不知疲倦為你工作的人：你們是下人。

我們則是極端的反其道而行。團隊成員易立沙・賽萬提斯很喜歡墨西哥街頭樂隊，因此在他上門作客時，我們請來一組樂隊從儲藏間走出來，為他高歌。姊妹店NoMad的總經理傑夫・塔斯卡雷拉（Jeff Tascarella）說要跟老爸一起來用餐，還事先告訴我們，其實他老爸比較喜歡喝百威啤酒（Budweiser）、吃牛排配馬鈴薯，而不是喝貴腐甜酒、吃鵝肝那一派，於是我們把推車上的香檳都換成百威啤酒。

我們的資深領班娜塔夏・麥爾文（Natasha McIrvin，後來成為我們的創意總監）最喜歡過聖誕節。但是在餐廳工作的第一年，卻沒辦法回家過節，於是她的父母來紐約給她驚喜；我們把他們藏在儲藏間。這一家人團聚、回到餐桌時，發現一輛雪白的聖誕小火車在小小的軌道上繞圈圈，圍著金色的馴鹿、松樹園和一大堆包裝精美的禮物。這其實是一道魚子醬料理——火車車廂上有貝果與一罐魚子醬，其他美食則藏在包裝與蝴蝶結底下。

這樣太過頭了嗎？沒錯。但是，我們不只希望員工能來餐廳吃晚餐，還要他們獲得比其他顧客更好的體驗。這是我們向付出心力的員工表示感謝的方式——謝謝他們的創造力、幽默與辛勞。他們每天用心款待顧客，我們也希望他們體驗同樣的服務。要激發人提供超乎常理的款待，最好的方法就是讓他們也接受這樣的款待。

我常常在想，為什麼那麼多公司都不願意像這樣投資自己的員工？大銀行都有私人財富管理經理，為最富有的客戶提供更高檔的服務。如果讓每一位行員同樣獲得這樣的貼心服務，要花多少錢？從留住員工的角度來看，這麼做不是很有意義嗎？或許更重要的是，當行員也能獲得最好的服務，在他們服務顧客的時候才能依此調整，這麼做帶來的改善根本難以計量。

對我們來說，這是很理想的投資。織夢人的構想也許是我提的，然而每天實現構想的是整個團隊。我最喜歡瀏覽我們的私人傳奇帳號貼文，看到一個又一個構想落實，而且我並未參與其中。這些想法不是我想的，這些計畫也不是我批准的；而是團隊自己想出來，而且執行的成果非凡，甚至我也受到啟發。

這是員工自主與即興款待的完美結合。

建立款待工具箱

很多人這麼說：「拜託，你們餐廳收費這麼高，當然可以玩這種花招。」

而我總是在想：「你可以承擔不這麼做的代價嗎，確定？」

沒錯——禮物要花錢，即使不花錢，也得費時費工。但我遺傳到我爸的精打細算，每個月總會用鷹眼來審查損益表中的織夢人分項帳目。這項計畫不但讓我們團隊都很興奮可以送出禮物，還能在顧客間達到口碑行銷效益。無庸置疑，每一分錢都花得很值得。

總之，身為領導者，你不能只看財務試算表。你必須相信自己的直覺，以及在工作現場的感覺，和團隊一起付出與收獲。這項計畫會帶來傳統的投資回報嗎？不會。我是否有信心，投注在這項計畫的每一塊錢，會帶來比傳統行銷更大的效益？絕對是的。

從很多層面來看，這正是應用九五／五法則的完美範例：我們能不惜血本的執行傳奇計畫，是因為我們在其他地方都銖錙必較。其實，我們通常不用花大錢，就能讓顧客驚喜。例如，我們只是把十片巧克力放在袋子裡，顧客就驚呼這是「傳奇」！

重要的不是禮物有多值錢，而是這樣的禮物是無價之寶。

高中時，我就知道這有多重要。當時，我在威徹斯特萬豪酒店（Westchester Marriott）的茹絲葵牛排館打工，幫忙端盤子、帶位。這間牛排館是加盟店，因此必須嚴格依照總公司的規則行事：同樣的招牌、同樣的制服，同樣的瓷器、玻璃餐具、銀器，以及同樣的菜單。

但我工作的那間店有個祕密法寶：隱藏菜單「酥炸魷魚」。

我以前吃過的炸魷魚都是切成一圈一圈下去炸，這間店則是切成條狀。我不知道魷魚裹了什麼粉去炸，但實在是有夠好吃。（是的，我利用收盤子的時候吃了剩菜。我知道這麼做很噁心，但我不後悔。）

顧客點不到這道酥炸魷魚，除非餐廳自動送上來給你。通常，當你是餐廳常客，還是餐廳漏單或上錯菜想要聊表歉意的時候，會多送一份開胃菜、一份甜點或是一杯香檳。問題是，你知道這些東西的價格，就會心想：「噢，他們的心意價值十四美元。」然而，你得成為這間牛排館的貴賓，或是他們希望讓你覺得受到重視，才會送上酥炸魷魚。這道料理到底值多少錢並不重要，但帶來的影響力意義重大。

其實，這道酥炸魷魚就像我花兩美元買給顧客吃的熱狗，都是無價之寶。每晚，餐廳都會利用機會把這份禮物送出去。贈送這道無價的料理不用計畫，也沒有什麼策略，只是一個念頭，付諸行動就成了。

對各行各業來說，這都是很重要的策略。即興款待基本上是一種被動回應，回應你事先得到的訊息（顧客告訴訂位人員，用餐目的是要慶祝太太四十歲生日），或是回應你在桌邊時無意間聽到的事情。

儘管看起來很矛盾，即興款待也可以主動出擊。只要辨識出簡單的模式即可：**辨識出營業期間經常出現的某些情況，並且建立一個團隊不費吹灰之力就能使用的工具箱。**

大家集思廣益，收集會有幫助的材料，整理好之後放在現場，方便大家隨時取用，並且授權給員工使用。如此一來，即興款待就可以系統化了。

多年來，我們在麥迪遜公園11號都是利用「加一卡」（Plus One card）實行即興款待。（這些卡片由來已久，我真的不記得是我們開始做的，或者在我來麥迪遜公園11號之前就有了。）我們利用「加一卡」來回答顧客經常提出的問題，像是：你們餐廳的花藝設計者是誰？可以請你進一步介紹製造這種乳酪的農場嗎？我們把答案印在索引卡上，收進目錄盒裡，放到用餐區後方。如果服務生看到顧客把餐盤翻過來，查看製造商，就可以從目錄盒中抽出相關的卡片，解釋這是瓷器設計師喬諾・潘多菲做的，以及在哪裡可以看到更多他的作品。

我們稱為「加一卡」是因為這張卡片可以提供「多一點」訊息。雖然不是必要，但是有的話會更好。這時，顧客對我們的期望很高，我們透過這套做法提供更多服務，藉此多做一點，即使超出他們的預期也沒關係。由於這些卡片已經印製好，整齊歸檔，隨時可以取用。對員工來說，也只是舉手之勞。

世界上有兩種人：一種喜歡收禮，另一種則喜歡送禮。其實，這兩種人同樣是為了自己，因為喜歡送禮的人會從別人驚喜的表情獲得回饋，從而得到成就感。

到了我們全面展開織夢人計畫時，員工都變成喜歡送禮的人，也擅長製造傳奇。但是，我們必須確保他們一直有機會這麼做，不只是一時心血來潮，於是我們打造了一個工具箱。

比方說，外地來的顧客常常會問，我們在紐約最喜愛哪些地方。於是，我們印製好小張的地圖，把我們的祕密口袋名單標示在上面：最棒的披薩、最好吃的貝果、週日早午餐的最佳場所，以及一些比較少人知道的私房景點，如魯賓博物館。* 我們買了帝國大廈（Empire State Building）觀景台的門票，送給對紐約充滿期待的觀光客。（我知道一大堆土生土長的紐約人都沒去過那裡，覺得那是老套的觀光景點，我也不否認，但那裡真的是觀看紐約的好地方。偷偷帶個隨行酒壺上去吧。）

由於我們愈來愈專注於超乎常理的款待精神，於是一直想辦法擴大「加一卡」的使用範圍，更加注意一些反覆出現的情況，以提供顧客出乎意料的體驗。

例如，有些顧客吃到一半會離席，去外頭抽菸。我們見狀，會用小紙杯裝一點酒遞

* 譯注：魯賓博物館（Rubin Museum）是以佛教文化為主題的藝術展館，主要介紹展示喜馬拉雅山脈、印度與周邊地區之間的傳統藝術。

給他們；這個紙杯還是我們為此特別訂製的。

還有一個或許是我個人最喜歡的例子：如果有人在我們餐廳求婚成功，我們就會招待他們免費香檳，其他餐廳也會這麼做。不過，在我們餐廳，這對顧客用的香檳杯和其他顧客不同，是我們合作夥伴蒂芬尼提供的水晶香檳杯。這對佳偶用餐結束時，我們會致贈一個禮盒，外盒是經典的知更鳥蛋藍色，也就是蒂芬尼藍，裡面裝他們剛才乾杯用的香檳杯。對蒂芬尼來說，這是非常成功的合作策略。我保證大多數新人都會把整組香檳杯列入結婚禮物清單中。

對我們來說，這也能贏得顧客的心。

我們的織夢人功力愈來愈高強，他們想出來的很多代表性的禮物或傳奇，就被納入工具箱裡了。

一天中午，有一桌顧客哈哈大笑，對我們的領班說，他們喝太多了，希望下午不要回辦公室，想要翹班回家睡個午覺。織夢人對他們眨眨眼，送出一張假造的醫生證明和一小包阿斯匹靈，讓他們如願以償。

顧客經常開玩笑說：「哎喲，今晚喝這麼嗨，明天一定會完蛋！」於是織夢人幫他們準備了早晨急救包，裡面有一袋香濃的研磨咖啡粉、幾片艾露卡發泡錠（Alka-Seltzer

Tablet）和一個馬芬蛋糕。領班要是聽到顧客擔心自己會宿醉，就可以送出這樣的急救包。

由於織夢人會在餐廳待命，領班可能說：「剛才有個顧客要搭紅眼航班去西雅圖，你幫她準備的點心盒很棒。能不能多做一些，方便我們多送一點出去給有需要的顧客？」

於是，我們的飛機點心盒正式誕生。如果顧客在我們餐廳吃完午餐就要前往機場，當我們在門口遞上大衣、幫他們把行李箱推出來的時候，就可以送上點心盒說：「對了，如果您在飛機上肚子餓，這些小點心應該會比蝴蝶脆餅好吃。」

新鮮的元素必須每日準備、增補，但是想法——構想、計畫與基本執行流程——只需要出現一次。如果提前準備好，員工就用不著每晚想破頭，只需要傾聽、執行，就大功告成。

你也許想知道，一旦把這些做法系統化，款待的溫度會不會下降？第三十次為顧客送上飛機點心盒，是否和第一次一樣溫暖、慷慨？畢竟，我們談的是量身訂做的款待，如果不是特別為某一位顧客所做，會不會變得制式化？

我可以不假思索的告訴你：不會。**因為禮物的價值不在於給了什麼，而是在於接受禮物的人的感受。**或許這是我們第三十次送出飛機點心盒，但是對顧客來說，他們是頭一遭收到這樣的禮物——儘管他們不是唯一收到這份禮物的人，喜悅的感受絲毫不會減損。

我們一直在思考這些款待服務的獨特之處，以及哪些做法才有效，並且想辦法擴展這樣的經驗，同時又要和僅只一次的即興款待取得平衡。

因此，很重要的是，我們必須時常檢查已經建立的系統，查看這些做法是否變得老套、公式化或是徒勞無功。不過，總體來說，建立款待系統之後，可以讓更多人開心。而且，當團隊因而變得遊刃有餘時，就能專心思考如何提供獨一無二的款待體驗，創造傳奇。

各行各業都有機會提供款待

我有一個好友在紐約經營大型房屋仲介公司。她曾多次請我過去和團隊成員演講，闡述款待之道。首先，我問那些房仲業務，房屋成交後，他們會送新屋主什麼樣的禮物。我聽到的答案百分之九十九都是：「在冰箱放一瓶氣泡酒。」

老實說，送一瓶氣泡酒沒什麼好挑剔的。但是，這瓶酒不是對屋主有意義的禮物，不會讓人感動，也不會令人難忘——應該有更好的選擇吧！

你賣的是房屋，也是在幫客戶賣掉他們居住過的房子。這可以說是最私密的交易。房仲業務會花很多時間和客戶相處，聽他們訴說對未來的希望與夢想（附帶一句，這絕對比我服務一桌顧客的時間還要長很多），更別提平均佣金有多麼高。一位專業的房仲業務絕對應該贈送客戶一份量身訂做的禮物。

我再次強調：這份禮物不一定要很昂貴，但必須量身訂做。就像那份熱狗只花兩美元，然而那或許是餐廳史上絕無僅有的一餐。一般人經常把款待服務與奢華享受混為一談。沒錯，我可以給那桌顧客一瓶頂級陳年庫克香檳（Krug）與一公斤魚子醬，但效果遠遠比不上那份熱狗。**奢華享受只是給得更多；款待服務則表示設想周到。**

所以，如果你的買家喜歡音樂，那就送他們最愛專輯的黑膠唱片——如果佣金很可觀，不妨再送個黑膠唱盤。如果客戶曾經說過，想要在陽光灑落的走廊角落做瑜伽，你就可以買一張瑜伽墊鋪在那裡。他們一走進新家，就會看到這張墊子。

和你買一瓶義大利氣泡酒相比，買一張瑜伽墊不會花更多時間、精力，也不會比較貴，只是需要多花點心思。

許多厲害的生意人都本能的知道要這麼做。有一位房地產經紀人跟我提到她締造的一個「傳奇」；其實那時她還不知道「傳奇」這個詞。當她知道新屋主打算大規模翻修房屋時，就徵求對方的同意，把房子裡的門框拆下來，交給舊屋主、也就是賣方，因為舊屋主正是在門框做記號，記錄孩子的身高變化。對任何人來說，這只是一塊沒有價值的木片，正準備送進垃圾堆，但對她的客戶而言卻意義重大，看到這塊木頭時，客戶不禁感動落淚。（總花費：零元。）

我真的相信，這種禮物才是我們應該追求的目標，特別是考慮到房仲業務在客戶身上花的時間與交易規模。但從邏輯來看，並不是每一個人都能獲得這種即興、量身訂做的體驗。建立工具箱是擴展這種非凡體驗的一種方式，如此一來，就能盡可能讓更多人獲得這種小小的、特別的感動。

例如，你把公寓賣給一對即將生小寶寶的夫婦，可以買一包電源插座保護蓋，放進抽屜裡並附上字條：「你們即將面臨人生大冒險，所以我準備了這個，讓你們少一個待辦事項。」不少客戶都會在小寶寶誕生前搬家，你可以在辦公室放一箱插座保護蓋，以備不時之需。如果買家是外地人，你可以準備一本當地生活指南，把你最喜歡的地方列出來——散步的好地方、最有挑戰性的健行步道、最棒的蘋果西打甜甜圈。這種手冊可印個十來本備用。

另一位房仲業務和我說，她在一年內賣出八間備用公寓，買家都是兒女已經長大、主要住在郊區的老年人。送他們一般街角酒類販售店都買得到的氣泡酒有意義嗎？還是他們會比較喜歡參觀大都會博物館的藝術品修復工作室？或是去歷史悠久的爵士樂俱樂部（Village Vanguard）看現場演出？送布魯克林藝術電影院的會員資格呢？

如果你無法這樣做，或是不想做這麼多，那麼可以花點時間想想，送什麼驚喜小禮物更能表達心意。可以送Chemex咖啡壺，加上一盒濾紙與一袋在當地烘焙、研磨的咖啡——這是每一個人在新家醒來的第一個早晨需要的東西，因為他們還找不到濃縮咖啡機放在哪個箱子裡。我保證他們每次用這個咖啡壺，就會想到你以及你的貼心安排。

好吧，你在想，餐廳業與房地產業都充滿機會，不像我這一行。我不相信這一套。各行各業都有轉捩點——也就是某些模式——如果仔細找，就看得到。一旦發現，一定要採取行動。

再舉個例子：一般人通常會在人生中的特定時刻買車。也許是生了孩子，必須換更大的車；或是孩子剛考上駕照，父母想送他們人生第一台車；或是孩子要離家去上大學，想把原來接送他們上芭蕾舞課或足球訓練的老車換成運動休旅車。

如果你知道客戶上門的原因之一，就是要買車給孩子，何不事先準備好應對的款待服務，強調他們和自家品牌的關連？如果有位汽車業務員把你拉到一旁說：「嘿，我知道孩子剛拿到駕照上路，父母有多擔心。所以，我會送你們家的阿琪一年的美國汽車協會（American Automobile Association，縮寫為AAA）會員資格，可以享有緊急道路救援等保障，不會被困在路上。」

目前，美國汽車協會一年的會費是一一九美元——只花一筆小錢，就可以確保客戶再也不會找其他業務員買車了。

或者，想像一個忙得焦頭爛額的父親，好不容易才把兒童汽車安全座椅裝好準備離開時，發現你在車上放了一包小金魚香脆餅（Pepperidge Farm Goldfish），讓他的小孩在回家路上不會餓得哇哇叫——或是你送的手持吸塵器，讓他能把車上的餅乾屑吸乾淨，維持新車乾淨如新，他會有多感動？

如果你擁有資源與自主權，可以在交易中注入體貼的心思，業務員就成了產品設計師。汽車配備原本不包含手持吸塵器，但是如果你決定送客戶這份禮物，當然會更好。你也會為自己在銷售的產品當中發揮了創想而自豪。

你應該永遠——真的是永遠——找尋創造傳奇的機會。假設有一個客戶每隔幾年就會找你買車，你們自然就會變熟。孩子上大學後，他開始看休旅車；他現在有比較多休閒時間，想重拾少年時對衝浪的熱情。

交車時，你何不在車頂架上放一塊剛打好蠟的衝浪板？顯然，這是一份大禮，但這份禮物可能把一位忠實客戶變成你一輩子的好朋友。如果衝浪板超出你的預算，在儀表板上放一盒衝浪板蠟，綁上蝴蝶結，加上一張字條，也會有相同的效果。

對我來說，禮物應該帶有深意。這也就是為什麼廠商送我一個廉價的托特包與印上品牌名稱的隨身碟，我會覺得火冒三丈。再試一下、加油一點，好嗎？你可以藉由禮物告訴別人，你注意到對方、願意傾聽對方，並且認可對方——此外，你很關心對方，願意用心聆聽，並且從你聽到的事物獲得靈感，採取行動。禮物會改變互動，把交易變成關係；沒有什麼比禮物更能證明某一個人不只是客戶，也不是試算表上的一個欄位。合適的禮物能幫你把款待延精神擴大，沁入另一個人的生命裡。

第十九章

擴展文化

過去，世界上最好的餐廳都在飯店裡。一八七〇年代，凱薩・里茲（César Ritz）*在巴黎輝煌酒店（Hotel Splendide）服務時，結識不少為了致富不擇手段的美國大亨。他在蒙地卡羅遇見一位名叫奧古斯特・埃斯科菲耶（Auguste Escoffier）的法國主廚，兩人一拍即合，對餐旅業的發展產生深遠的影響。因此，自十九世紀末開始，乃至整個二十世紀，世界上最高級的飯店也都有名聞遐邇的餐廳。

不幸的是，隨著時間流逝，奢華飯店的餐廳漸漸沒落。飯店裡的餐廳只是聊備一格，乏善可陳，只有因為旅行或會議過於疲累，無法走出酒店的人，才會在飯店裡的餐廳吃飯。就算一間新飯店能吸引到好的餐廳，飯店和餐廳通常會有單獨的出入口，也使用不同的品牌，以確保兩者獨立營業。

二〇一〇年初，安德魯・左布勒（Andrew Zobler）找上我和丹尼爾。左布勒是精品連鎖飯店集團合夥人；這個集團在曼哈頓設立的艾斯酒店（Ace Hotel）座落在西二十九街，位於百老匯劇院區，房價實惠，以復古的工業風裝潢展現時髦設計美感，而飯店大廳不但有各種用途，也是開放式的工作區以及熱門的休憩場所。現在，安德魯想跟我們談談在飯店以新穎、更高標準的理念設立餐廳：讓格蘭德大飯店（Grand Hotel）重生。這間餐廳將叫做 NoMad。†

安德魯有個瘋狂的想法，計畫讓餐廳再次成為飯店的亮點，以重現埃斯科菲耶與里茲那個時代的飯店風華。我和丹尼爾聽他這麼一說，都很心動，也知道他是能實現這個夢想的人。我們非常欣賞他進行的計畫，能夠把藝術、設計、零售與飲食優美結合。我們也發現，只要注入關愛，這也是讓紐約老舊街區重生的好機會。

NoMad離麥迪遜公園不遠，但那一帶有如被遺忘的一九七〇年代：光天化日之下，很常可以看到有人當街買賣毒品；百老匯兩邊都是廉價飾品的批發店；賣山寨包的小販會用防水布把地鐵通風口蓋起來，看到警察開車過來，就急忙掀開防水布，把仿冒品蓋起來。

一間不提供「兩、三個小時休息方案」的飯店，有助於這一區的再生。對我們來說，這也是一個強大的誘因。他們提出的合約條件優渥得教我們難以拒絕：我們不需要

---

* 譯注：凱薩・里茲在一八九八年創立享譽全球的奢華飯店巴黎麗茲酒店（Ritz Paris），後來又創立倫敦麗茲酒店（The Ritz London）、倫敦卡爾頓酒店（The Carlton Hotel）等，他創立的品牌因此成為頂級飯店的代名詞。

† 譯注：NoMad的名字源於餐廳所在位置，也就是在麥迪遜廣場公園北方的地段（North of Madison Square Park）。

拿錢出來投資。這很棒，因為我們沒有錢。

接下來要做的就難了——我們得跟丹尼・梅爾談。

行動之前，沒人知道自己在做什麼

「我們對麥迪遜公園11號期望很高，而且這樣的目標肯定能夠實現，」我們告訴丹尼。「同時，我們不想永遠受雇於人。我們希望有自己的店。NoMad就是這間店，而且我們還是繼續在麥迪遜公園11號為你工作。」

丹尼說，他得考慮一下——然後，他拒絕我們。「我不能既是你們的合作夥伴，又是你們的競爭對手，而你們的餐廳就開在附近。」

我們來回折騰了一番，最後他提出一個解套的辦法：「你們何不乾脆從我這裡買下麥迪遜公園11號？」

我和丹尼爾萬萬想不到他會這麼說。然而，我幾乎不假思索的回答：「好。」

只是我不知道我們要怎麼買下麥迪遜公園11號。現在回想起來，當時的我實在太天真了，完全沒有自知之明。而這個最大膽、最可怕、似乎最不可能的事就源於一個簡單的承諾。

每次有人和我分享往前大步躍進有多可怕的時候，我總會這麼說：行動之前，沒人知道自己在做什麼。當你前進到下一個關卡，往往會把焦點放在自己不知道的事情上，因而惶惶不安。但是，你必須對自己的能力有信心，才能把事情搞清楚。如果你平常滑雪的時候，都留在標示藍色方塊的中級滑雪道，那麼換到標示黑色菱形的高級滑雪道，不免會覺得害怕。如果你總是轉身去找比較容易的路徑，那就永遠不會進步。你終究得把滑雪杖插在雪中，利用這個穩定的支點，向前滑動。只有踏出舒適圈，才會成長。不管你是坐著滑或是站著滑，別擔心，你一定下得去，也會在一路上學到很多。（所以，我認為不必等員工準備好，就可以先晉升他們。）

丹尼好心提醒我們：「你們必須弄清楚可不可以在二月或三月前籌到錢。不管我們如何守口如瓶，消息總會洩露出去。如果餐廳一直狀態不明，將會對員工士氣帶來重大的打擊。」

沒錯，但這代表我們必須在三個月內籌到一筆天文數字。老實說，這個感覺有夠折磨人。

於是，我和常客坐在我們餐廳談。向他們要錢太尷尬了，所以我問：「我私下跟你說，請幫忙保密。我們有機會買下這間餐廳。你知道誰可能會想投資嗎？」當然，我希望他們會投資，也有幾個人確實有興趣，於是我花很多時間跟他們喝酒，可惜都沒有結果——吃得起高檔餐廳的人不一定買得起餐廳。

有位常客恩尼斯托・克魯茲（Ernesto Cruz）就在這棟大樓的樓上工作，他說：「我的工作是幫忙客戶收購與出售公司。我很樂意幫助你。」但我想的是：我不需要幫忙，我需要錢。於是，我又浪費掉兩、三週。後來，有一晚打烊後，我急了，就寫電子郵件給恩尼斯托：「如果你依然願意提供協助，我需要幫忙。」

恩尼斯托變成我的守護天使。他找幾位同事組了一支團隊，免費協助我完成整個過程。他們教我怎麼做募資簡報，告訴我什麼是預測模型，以及如何展示投資報酬率。他們特別騰出時間陪我練習簡報，也給我回饋意見。接著，他們提供一份潛在投資者名單。於是，我穿著西裝、提著公事包四處征戰。我走訪波士頓、芝加哥——甚至去了比佛利山莊。

向人要錢很難；我很害羞，不知道怎麼說服別人自己夠好，請他們掏錢出來投資。但我相信麥迪遜公園11號是一間不可多得的餐廳。

最後，他們把我們介紹給一個名叫諾慕・高堤斯曼（Noam Gottesman）的投資人。我們在安田壽司（Sushi Yasuda）共進午餐，互相認識，然後談起我們的雄心壯志。他必然看出我們具備的特質，就在最後期限到期的前兩週，我們拿到錢了。我永遠感謝他的眼光與支持。

我們幾乎在同一時間簽署開設NoMad餐廳的合約，預計在二〇一二年三月開業。我們在二〇一一年十一月十一日向員工宣布，我們已經買下麥迪遜公園11號。令人意想不到的是，同一週，我們出版《麥迪遜公園11號：食譜》（*Eleven Madison Park: The Cookbook*），而且在這一年成為餐廳史上第一間從米其林一星升至三星的餐廳。

美好，用心做好

我們把新公司命名為「美好餐飲集團」（Make It Nice）。「Make It Nice」（做好一點）是丹尼爾的口頭禪。他剛到美國，英文還不是很好的時候，經常把這幾個字掛在嘴上說「這個地方要做好一點」——「這個地方」可能是指某一桌顧客、一道料理，甚至只是一件雜事。那時，我們對工作標準的期望已經非常明確，因此團隊成員只要跟同事說「做好一點」就夠了，不需要任何解釋。

我們公司的英文名稱「Make It Nice」是對稱的：It是一道牆，分開左右兩邊，一邊是餐廳，用心於「製作」（Make）餐點，另一邊是用餐區，服務人員負責「做好」（Nice）款待顧客的任務。（但你可能會發現，我們致力於拆掉這堵牆——因此，我們不用常用的「內場」與「外場」稱呼，而是說「廚房」與「用餐區」。）此外，「製作」（Make）與「做好」（Nice）都是四個字母。我們認為這是一個完美的名字，包含追求卓越與用心款待的意涵。

創造力的修練

早先一篇評論我們餐廳的文章，天馬行空的提到邁爾士・戴維斯。我們因此整理出一張清單，列出樂評家在評論邁爾士時反覆出現的詞彙。這幾個詞對麥迪遜公園11號成長軌跡有著深遠的影響。我們簽約完準備開NoMad時，我們知道現在必須找尋另一種力量來形塑這間餐廳。

如果麥迪遜公園11號的靈感泉源是邁爾士・戴維斯，NoMad的繆思就是滾石樂團。滾石樂團代表的是性、毒品、在舞台上火力四射的米克・傑格，不是嗎？但這個樂團在萌芽時扎根於美國藍調音樂，他們收集所有藍調音樂專輯，每一首都會唱。他們研究熱愛的音樂，再注入自己的風格。是的，滾石的音樂是鬆散的——但那是刻意營造出來的感覺；他們重塑了節奏藍調。

NoMad在上城與下城的交會處。我們想創造出一座橫跨這兩個世界的都市遊樂場，並展現出兩者的精華。這裡是豐富、奢華的，同時也是大眾化、令人驚嘆、輕鬆、相互連結、響亮、充滿活力、鬆散、生氣蓬勃的。我們在設計這個地方時，要像滾石研究藍調音樂那樣用心。

我們要再一次創造我們想去用餐的餐廳。這意味我們將提供單點菜單，而每一道料理都好吃到升天；我們的酒單更是厲害，打開來一大張，有各式各樣、不同品牌的酒。充滿活力、年輕的服務人員在店內穿梭，用餐區大聲播放特別精選的歌曲。如果顧客為了慶祝好事而選擇來麥迪遜公園11號用餐（或是來這裡用餐就是值得慶祝的好事），晚上想出門玩瘋一下的時候，NoMad就是個好地方。

對我和丹尼爾這樣的經營者以及我們的公司而言，開設NoMad可以說是往前飛躍一大步，我們也得面對企業成長與擴展的所有挑戰。我們做錯了一些事，但也有很多地方做得很好——大抵是因為我們不遺餘力推行麥迪遜公園11號的款待文化。

不管如何，NoMad只許成功，不許失敗。很多樂團一鳴驚人，然而要是第二張專輯差強人意，那就只是曇花一現。我們希望像披頭四、涅槃、滾石樂團——我們的目標是成為常青樹，而非在一九七〇年代以〈織夢人〉一曲短暫走紅的蓋瑞・賴特。在紐約，大型報社的一篇評論可以決定一間餐廳的生死。因此，《紐約時報》對NoMad的第一篇評論對我們非常重要。

我們壓力很大。

為了集中精神、釐清想法，我創造出一個虛構的人物——一個喜歡享樂、愛好音樂的五十三歲老饕，曾在法國南部生活，也在那裡心碎。我們可以把NoMad的公共空間設計成這種人喜歡待的地方，讓他們就像在自己的家一樣自在。接著，我們召開專案會議，集思廣益，查看哪些元素可以讓這個地方變得獨特。結果，在每一個新的小組，總有人會說：「我沒有創造力，想不出來。」於是，我把這些人拉到一邊，解釋說：「創造力跟你想的不一樣。」

用行銷大師賽斯・高汀（Seth Godin）的話來說，創造力是一種實踐。高汀解釋說，即使是像保羅・麥卡尼這樣創造力驚人的天才，也有自己一套激發創造力的方法。以麥卡尼為例，時間壓力、工作規律都有幫助，而且他會把東西先寫下來，再來慢慢琢磨，以創造流行五十年以上、經典不墜的金曲。你的實踐方法也許不同——畢竟，我們都不是保羅・麥卡尼——但現在我們應該破除創造力無法靠方法激發、僅限天才的迷思。創造力是一個主動的過程，不是被動的。

我們為了設計NoMad舉行的會議是有組織的，也具有合作與探索的特質。我們有紀律、有意識的創造出一個可以自由夢想的空間，這意味著要把其他事情排除在外，專注於過程。我們可以毫無顧慮的提出看似愚蠢的想法，因為說不定這想法能成為偉大的構想。沒有什麼不好的構想（至少一開始沒有），提出半成熟的想法，也並不可恥，畢竟在集思廣益之下，搞不好能成為跳板，或是變得更好。即使披頭四也不斷為彼此的歌曲提出意見。

我們再一次運用集體智慧，這些互動常常產生令人驚嘆的火花。後來有人問我：「這是誰的想法？」我真的不知道。

瑪雅・安吉羅（Maya Angelou）有一句名言說：「創造力是用不完的。你用得愈多，就擁有愈多。」我們給自己的夢想空間愈大，就愈信任彼此，也就能變得更好。

有幾個晚上，我們為了雙人烤雞特餐要怎麼呈現吵了好幾個小時。我認為自己很幸運，我在麥迪遜公園11號的經驗使我能夠把對細節的講究變成一種超能力。（我們在春雞的雞皮下塞入鵝肝與黑松露，烤好後，把整隻雞放在銅盤上，以切好的雞胸肉當主菜，雞腿則用白醬燉煮，做成家常風味的配菜。）

由於NoMad也供應早餐，我花了不知多少時間尋找完美的咖啡壺。我真的找到時，覺得為了找這只壺花的每一分鐘都很值得，那是有百年歷史的法國Mauviel銅製咖啡壺，是向土耳其紅銅三角咖啡壺致敬的作品。

打從一開始我就知道，圖書館酒吧是這間飯店的心臟，因此我仔細監督設計與裝潢的每一個細節。我向U-Haul公司租來一台搬家卡車，開去布林菲德古董跳蚤市場（Brimfield Antique Flea Market），親手挑選每一張椅子，載回來換掉椅面。如果是裝飾用的圖書館，其他人多半會購買大量舊書放在書櫃裡，但我們不可能放一些雜七雜八的書，像是老舊的法律教科書或是早已被人遺忘的小說。因此，我們的圖書館不是裝飾品，而是一位中年饕客的心靈驛站，由專人精選紐約史、美食、美酒、音樂以及神祕學方面的書籍。如華特・迪士尼說的：「完美是可以感覺到的。」

我們還把好幾瓶威士忌酒藏在挖空的書裡面，以創造驚喜與喜悅。如果你發現這樣的「彩蛋」，那就是你的了。

啟動文化

NoMad開幕時，經營團隊多半來自麥迪遜公園11號。我們故意這麼做，因為新餐廳需要這些經驗豐富的人。至於麥迪遜公園11號，我們早在幾個月前開始增補人手。

我把這些從麥迪遜公園11號移植過來的人當成酸麵種：不只可以從他們無懈可擊的技術訓練受益，他們也能在新的地方播下我們的文化。他們會透過語言與行動來溝通我們堅持與相信的一切。他們的熱情、知識，以及隨著季節流逝在麥迪遜公園11號累積的所有價值觀，都將感染我們雇用的每一個人。

在事業成長的過程中，你不能失去給你機會成長的東西。因此，在考慮以任何形式擴張之時，必須先停下來，辨識自己文化的獨特之處，然後好好保護。對我們來說，這就是超乎常理款待的文化——超越自我，總是給顧客超出預期的東西。而企業文化取決於每天為這樣的文化注入活力的人；如果能搞定這個部分，其他部分就沒問題了。

我們只有一個重要主管是從公司外面招募，也就是總經理傑夫・塔斯卡雷拉（Jeff Tascarella）。

我們有充分的理由為傑夫破例。傑夫已經當過總經理，我正需要一個當過主管的人。他也有管理酒店餐廳的經驗，就連我也沒有這樣的經驗。由於和麥迪遜公園11號相比，NoMad比較喧鬧、比較鬆散，我們需要經營過這種餐廳的人。傑夫正好在肉類加工區（紐約最西邊的商業區）的史卡佩塔餐廳當過主管；這是一間人聲鼎沸、極佳的三星餐廳。最後，我們希望NoMad是個很酷的地方——而傑夫是我認識最酷的人。

傑夫是NoMad成功的重要因素。然而，我依然認為從內部晉升對培養企業文化來說非常重要，因此我極少聘請外面的人當總經理。

在NoMad開幕之前，我們非常重視人員的訓練。和一般餐廳相比，我們在員工培訓的預算要多出很多，但我認為我們投注的時間、精力與金錢都是很好的投資。有些公司為了新計畫花大錢，對人員訓練卻很吝嗇，而這些人員卻是負責執行計畫的人——這就是所謂的「因小失大」。

到了開幕那天，由一百五十人組成的餐廳服務團隊已接受數週的課程訓練與現場實習。他們知道每一款酒、每一道料理、每一個服務重點。更重要的是，他們已經從源頭吸收我們的文化——不是從我身上，就是從麥迪遜公園11號的資深主管學到的。

即使是留在麥迪遜公園11號、沒來NoMad的團隊成員也有貢獻。在開幕前，我們把過去三年我主持的班前例會紀錄印出來，總共有好幾百頁。我們請麥迪遜公園11號的領班與主管挑出最能引起他們共鳴的概念。也就是讓他們或整個團隊印象最深的地方。

在把這些想法匯編成冊的過程中，我們必須用文字來表達我們的理念。這種做法讓我們獲益良多，我因此認為每一間公司，無論規模大小，都應該用幾週的時間梳理每一個核心價值，白紙黑字寫清楚。

起先，這本教戰手冊是影印後裝訂成冊。幾年後，我們請一位平面設計師為我們印製成一本小紅書。我們用這本書竭誠歡迎新員工，正如我們熱情款待顧客。

雙喜臨門

又到了星級審查的季節。

接下來六個月，我們忙得昏天暗地，直到有一天，我們看到接替法蘭克・布魯尼的《紐約時報》食評家皮特・韋爾斯（Pete Wells）走進NoMad大門。

這次審查帶給我們的壓力不亞於以往。我們知道賭注有多大，但我們已盡了全力，並牢記一路走來學到的每一個教訓。幸好，這次的折磨很短暫，幾週後，也就是在二〇一二年六月，NoMad被《紐約時報》評選為三星餐廳。

這篇評論的標題是：〈傑出樂團的舊曲新唱〉（A Stellar Band Rearranges Its Hits）。韋爾斯在文中寫道，我們本來可以走一條可預期、熟悉的路徑，卻選擇另闢蹊徑，令人「耳目一新」。[9] 儘管麥迪遜公園11號已經獲得很多好評，我從來沒像那個晚上那樣，一邊讀一邊潸然淚下。

我的淚水交織著喜悅、解脫與驕傲。麥迪遜公園11號的進步是循序漸進的，NoMad則是一炮而紅。無可諱言，NoMad是以麥迪遜公園11號為基礎建立而成。麥迪遜公園11號的邊際效益之大，讓我們對NoMad的成功胸有成竹。

NoMad大異其趣，而且我們是從頭開始構思。為了實現這項計畫，我們把我們在麥迪遜公園11號緩慢、自然而然發展起來的文化，注入這間全新的餐廳。

那晚，我本來要跟團隊大肆慶祝，但瑞典法維肯餐廳（Fäviken）的主廚馬格納斯・

尼爾森（Magnus Nilsson）剛好在一個名叫布魯克林農莊（Brooklyn Grange）的屋頂菜園舉辦新書發表會，分享他的食譜。* 由於他是我們第一次到倫敦參加世界五十大最佳餐廳頒獎典禮認識的朋友，我們得去一下。

值得一提的是，我離開屋頂花園時，克莉絲蒂娜．托西（Christina Tosi）剛好走進來。儘管我們從未見過面，但她是我多年來仰慕的對象。她是甜點界的烘焙女神，甜品店牛奶吧（Milk Bar）的創辦人。她以創意、懷舊、隨性的手法來做甜點，她的穀麥牛奶霜淇淋、什錦餅乾聞名於世。我知道她把桃福包吧隔壁一個迷你得有如郵票的店面，打造成美國最受歡迎的品牌。我還知道，她也是我見過最美的女人。那晚，我腋下夾著《紐約時報》給我們的三星評論文章，帶著一點炫耀的心情走到她面前，向她自我介紹。

雖然我們只聊了一分鐘，我已經看出她有多大方，而且聰明又幽默。她也知道我是誰。然而，直到我們結婚之後，她才承認，她原本以為麥迪遜公園11號的總經理是個高高在上、自命不凡的傢伙，後來才發現他其實是個正常人。

---

* 譯注：布魯克林農莊占地超過一萬平方公尺，號稱全世界最大的屋頂土培農場，遵循有機生產方式，種植多種蔬果、飼養蛋雞、養殖蜜蜂，產品在當地農夫市集販售。

接著，我跳上計程車，回到NoMad，為團隊乾杯。這真是一個美好的夜晚。

在此，我要給各位一個忠告：請跟比你優秀的人結婚。我和丹尼爾的合作使我成為一個更好的餐廳經營者，而我和克莉絲蒂娜結為連理，則使我成為更好的領導者以及更好的人。

領導者要會說對不起

儘管我們在文化的傳達與保存付出很多心血，但在NoMad開業的前幾個月，我犯了錯。那是我職業生涯中最大的錯誤。

我們決定開NoMad時，我看著麥迪遜公園11號的團隊，認為還沒有人能取代我擔任總經理。如果要找新的總經理，我不想從外面招聘，為了企業文化，我想從內部晉升。由於沒有合適的接班人，我就一邊經營NoMad，一邊繼續擔任麥迪遜公園11號的總經理。

結果呢？

如果你曾經創業，你就知道一天二十四小時永遠不夠。有好幾個月，我幾乎清醒的時候都在NoMad。（NoMad也是一間飯店，所以有時工作太晚，我就在這裡過夜。）

其實，麥迪遜公園11號離這裡很近，過幾條街就到了。但我想餐廳團隊已經做了很久，而且表現優異，於是就很少回去。其實，那一年，我們在世界五十大最佳餐廳的名次，爬升到第二十四名了，這證明餐廳經營得很好，我們強調的款待之道也讓顧客滿意。然而，即使是最完美、最有合作精神的組織也需要領導者。

儘管團隊的討論與意見回饋都很不錯，但有人必須在那裡做決定。如果沒有人發號施令，問題就會愈來愈多：前進的步伐完全停滯、有人任意介入、沒有人為決策負責，最後員工心生怨懟——「你算哪根蔥？現在換你當老闆了嗎？」我讓餐廳陷入混沌不明，士氣低迷。

幸好，有一些跟我關係密切的人願意說真話。我詢問幾位資深主管的意見。他們告訴我，在不該有任何模糊的地方，大家卻不知道怎麼做。「沒有人做決定。有人站出來，就會被指控說想奪權。威爾，你必須指定一個人出來當總經理。」

但這些話聽在我耳裡卻是：你必須更努力。你需要在這裡的時候，人卻不在這裡，所以你最好在一天中多塞一個小時，才能兼顧兩個地方。無論我多麼內疚，我都能合理化：「既然顧客都很滿意，會有多糟？」

我不了解的是，企業文化再堅實，也會不堪磨損。就算士氣明顯下滑，顧客不會馬上發覺。我們團隊對麥迪遜公園11號的感情很深，提供超凡的款待是他們個人與職涯的驕傲。他們分工明確，表現出色。然而，水滴不斷滴落，總有一天，即使最堅硬的石頭也會被穿透。

最後，有個名叫雪柔・席弗納（Sheryl Heefner）的資深領班要求跟我談談。雪柔是團隊中最優秀的一個，也是我的死黨——我非常信任她。

她之所以能點醒我，不是因為她指出我的不足之處，而是她拿起一面鏡子，讓我自己好好看看哪裡有問題。雪柔平常不是情緒化的人，但對於我拒絕找繼任者的想法，她大動肝火。我記得她問我：「你是真的不相信我們團隊沒有任何一個人可以勝任嗎？你告訴我們，沒有什麼比互相信任更重要，但你只相信自己能當一個好的總經理，其他人都不行，這教我們如何相信你說的話？」

就像有的父母說：「我沒有生氣，我只是失望。」這就是雪柔的意思。我聽到了。雖然她的話很刺耳，我真的感謝她來找我攤牌。

我爸說：「你必須睜大眼睛。」他的意思是：傾聽、注意、學習；不要被絆倒。更重要的是，面臨重要的時刻，一定要保持警惕。

雪柔找我談，正是這樣的時刻。我們公司正處於發展的關鍵時刻，我卻搞砸了。我花了好幾年告訴員工，不要讓自己變成無可取代的人；如果你無可取代，我要如何晉升你？我卻不知道自己的角色也需要轉變。

更糟的是，我背叛我們最重要的價值觀。像我這樣的領導者，曾經在山頂上大聲疾呼，說要信任團隊，輪到自己時，卻什麼也不做，一屁股坐下來。

在那一刻，我知道我要怎麼做了。其實，早在我們簽約準備開設NoMad時，我就應該這麼做。我把多年前負責啤酒計畫的科克・柯勒維找來。他在我們餐廳從傳菜員做到經理，那天，我升他為總經理。

我跟科克談好之後，召開全體會議，向與會的每一個人道歉。

「這是我第一次擴展公司，」我說：「而這也不會是我犯的最後一個錯誤。但我真的犯下一個大錯。」我們都共事這麼多年了，但我沒信任他們，結果破壞我們努力建立的文化。在我道歉之後，我宣布科克將是新任總經理。

也許在場的其他人希望我說出他們的名字，然而只要做出決定，一切都不同了。原來蓄積的壓力就像汽球破掉，一下子就消了。

當領導者願意承認錯誤、道歉，就會生出力量。如果你認為自己不會犯任何錯誤，那就太愚不可及了；就像你認為如果你不認錯，別人就不會注意到你犯的錯誤。儘管公開認錯很難，卻能加強你與團隊的凝聚力。如果你願意站出來批評自己，別人總是會更願意接受你的批評。這種經驗說明脆弱的力量以及認錯在領導中的重要性。

我一直不放心讓別人來當麥迪遜公園11號的總經理，因為我認為沒有人能跟我做得一樣好——公平的說，我或許並沒有錯，科克也還沒準備好要當總經理。話說回來，當初丹尼·梅爾找我當現代藝術博物館的總經理，我也還沒準備好。（顯然，就當老闆而言，我也還沒準備好。）但是有時候，你要晉升一個人，最好的時機是在他還沒準備好的時候。只要他們渴望做好，就會更加努力，以證明你的決定正確無誤。

科克漸漸適應這份工作，就像他當初負責啤酒計畫以及擔任其他職務那樣。看到員工從最基層的服務生開始做起，最後成為總經理，對其他員工來說，具有非常重要的意義。我們說過不要設限，絕不是說說而已。現在每個人都看得到，這是真的。

不丟下任何一位顧客

NoMad一開幕就聲名大噪，顧客絡繹不絕。

不管問題是什麼，NoMad就是答案。從早餐開始，乃至午餐、晚餐、深夜酒吧，有人經常來報到——還有一些人甚至從早到晚都在這裡。我們正是希望顧客能利用我們創造出來的不同空間。我們還從NoMad獲得一個意想不到的收穫。

隨著麥迪遜公園11號在世界五十大最佳餐廳的排行不斷上升，我們的菜單也變得愈來愈複雜，更細緻、納入更多互動，我們的表現手法也愈來愈戲劇化。因此，這一餐耗費的時間也愈來愈長。常客要如何適應這些改變？一週有幾次能花四小時吃一頓飯？

有了NoMad，麥迪遜公園11號就可以邁開下一步，而不會拋棄常客——他們可以更常去NoMad。NoMad菜單上有很多道料理都曾是麥迪遜公園11號最受歡迎的料理，因此我們可以在NoMad看到很多老面孔。NoMad對服務的細節一樣重視，只是氣氛比較輕鬆、自在。由於這也是一間飯店，你不只可以在這裡進行早餐會議，也可以小酌一杯來結束一個美好的夜晚。如果要吃一頓奢華的盛宴，總是可以去麥迪遜公園11號用餐。

有時，一間公司成長的腳步很快，常客會跟不上；對不斷擴展的組織來說，這樣的發展無可避免。公司是個大家庭，員工則是這個家的一部分。如果你把團隊稱為你的家人，就必須在他們身上投資，給他們機會，讓他們和你與組織一起成長。對最有價值的顧客，你也必須同樣關注他們。NoMad沒有吞噬我們的品牌，反而擴展這個品牌。

同時，在麥迪遜公園11號，再也沒有什麼可以阻擋我們了……或者我們自認為如此。

第二十章

回歸初心

我們在世界五十大最佳餐廳榜單向上攀升那些年，我和丹尼爾不時會去旅行，品嘗世界各地的美食，參加廚藝界的盛事。我們每到一個新的城市，晚上都會去看看競爭對手在做什麼。

我們發現，名列五十大最佳餐廳的每一間餐廳都深深的啟發我們。以日本東京的成澤創意餐廳（Narisawa）為例，我們還在享受開胃菜，服務生就在桌邊，把發起來的麵糰放在一個溫度很高的黑色石碗裡，蓋上蓋子，靜置，接著熱呼呼、香噴噴的麵包就好了。這種原始而基本的烘焙過程通常是在廚房進行，食客根本看不到。但這麵包有夠美味，簡直是這一餐的亮點。

在瑞典的法維肯餐廳，不是由二十名服務生為二十桌的顧客介紹二十道不同的料理，而是我們的主廚朋友馬格納斯從廚房走出來，拍手，宣布下一道料理，接著每一個人同時開始吃，有如他是主人，在家宴請我們。

在西班牙的穆加里茲餐廳（Mugaritz），我們用鐵杵把鐵碗裡的香料與種子搗碎。接著，領班請我們拿杵輕敲鐵碗，這只碗頓時變成西藏唱缽，所有人一起奏樂，悠揚的樂音在餐廳迴盪。

在芝加哥的亞里尼亞餐廳（Alinea），甜點主廚把甜點材料端上來，在矽膠桌布上灑上巧克力、奶凍、焦糖堅果、蛋糕碎片、新鮮莓果——有如抽象畫先驅康定斯基（Kandinsky），只是用糖作為媒介。在地球上，任何人看到的桌子就是桌子，但主廚葛蘭特・阿克茲（Grant Achatz）看到的桌子是盤子。

這些高潮既有巧思又很美妙，為非凡的一餐帶來驚嘆號，成為令人難忘的一刻，數週後回想起來就和當時用餐的時候一樣滋味無窮。

因此，世界五十大最佳餐廳的榜單使餐飲業日新月異。世界上最好的餐廳互相激勵、啟發，爬升到前所未有的高度，否則上位者可能會自滿。友好的競爭與思想的交流推動整個行業進步。

我們對自己的餐廳有信心，相信我們也能為顧客帶來驚喜的用餐體驗，但我們現在仍然缺少一種在地感。諾瑪餐廳已經掀起一股在地風潮，在全球最佳餐廳名列前茅的餐廳，無不強調在地感，用當地食材，重新定義當地食物。這些食物在另一個地方呈現將意義盡失。尤其重要的是，在一個日益全球化與同質化的世界，即使你搭十六個小時飛機到另一個地方，依然走在精品店林立的繁華大街，彷彿你沒離開居住的城市。

此外，我們看到一個真正的機會。我們的餐廳在紐約，這裡不只孕育藝術、音樂與產業（更有傲人的美食傳統），很少人知道這裡也是重要的農業地區，有機農場數量極多。雖然紐約最好的高級餐廳也有強烈的地方意識，但他們歌頌的地方不是紐約，而是日本、義大利與法國。因此，二〇一二年，我們名列世界五十大最佳餐廳排行第十時，決心探索如何從各個面向去呈現紐約，進而成為一間足以代表紐約的餐廳。

我們完全投入研究，獲得豐富的靈感，乃至捨棄原來的菜單（以及顧客的選擇）。我們採取紐約主題的主廚精選品嘗套餐，使每一位顧客能體驗所有讓我們興奮的東西。

為這一餐拉開序幕的是紐約傳統甜點黑白夾心餅乾，最後則以巧克力椒鹽脆餅作結。端上來的前菜隱身在華麗的玻璃罩下，罩子掀開，迷霧散去後，現身的是煙燻鱘魚。我們發現洋芋片是十九世紀在紐約上州發明的，因此我們幫顧客烘烤蘋果皮與芹菜根，裝在特別訂製的鋁箔袋裡——訂製成本很高，我不得不把訂購單藏起來（嘿，還記得九五／五法則吧）。

生牛肉韃靼也是源於紐約的經典名菜。但我們把牛肉換成紐約當地的胡蘿蔔——這種胡蘿蔔是從營養豐富的土壤生長出來，上州農夫稱這種土為「黑泥」——推出胡蘿蔔韃靼，甚至把絞肉機搬到桌邊，現場絞碎煮熟的胡蘿蔔，模仿生牛肉韃靼的做法。我們也把最後招待顧客的餐後酒從干邑白蘭地換成紐約老牌酒廠萊爾德（Laird and Company）為我們特別釀造的蘋果白蘭地。萊爾德早在一七八〇年就取得釀酒許可執照，也是這個地區第一間取得執照的酒廠。

套餐中的起司則會讓人聯想到中央公園的野餐。我們請綺色佳啤酒公司（Ithaca Beer Company）特別幫我們釀製一批野餐啤酒，並委託紐約知名的起司店莫瑞起司（Murray's Cheese）製作浸泡過同款啤酒的起司，以及同款啤酒風味的椒鹽脆餅。放餐點的盤子看起來像紙餐盤，其實是布魯克林藝術家維吉妮亞・辛恩（Virginia Sin）的陶瓷作品。這些佳肴都擺放在紐約上州製造的野餐籃裡。

小時候，我從威徹斯特來紐約找我爸的時候，曾經在時代廣場被一個街頭老千用三牌奇術騙了；* 很多觀光客也曾經被騙。我想在顧客的用餐經驗添加一點這種老派戲法與心機，於是我和魔術師合作，創造一種牌戲。每一個人可以從牌上的四種食材根據喜好挑選，接著牌就被收走了。然後，你會吃到含有這種食材的巧克力。（這總比碰到真正的騙子要來得開心吧。）

我要說，這真的太好玩了。為了訂製一疊卡片，我跟一間叫作「理論十一」

---

* 譯注：三牌奇術（three card monte）中有三張牌，兩黑一紅。騙子要受害者記住紅牌的位置，然後把牌蓋起來，移來移去，最後問受害者紅牌在哪裡，讓他們下注。騙子會用偷天換日的手法，把紅牌換成黑牌，讓人輸光。

（theory11）的公司聯繫。第一次開會時，他們的老闆強納森・貝姆（Jonathan Bayme）跟一個名叫丹・懷特（Dan White）的魔術師一起現身，因此強納森建議利用魔術手法，我一點也不驚訝。

我立刻被吸引住。我常常告訴團隊，我們必須在這個世界創造更多的魔法。沒想到，我們真的要讓魔術登場，怎不讓人興奮？特別是幾個小時的腦力激盪後，丹描述我們要利用的魔術。

我驚訝到下巴掉下來。「太不可思議了！這要怎麼做？」

丹搖搖頭。「噢，我現在還不知道。但我們會想出來的。」

我喜歡這句話——他坦承自己不知道，但有自信，認為一定可以想出辦法。

太多人在腦力激盪時，太早考慮到現實。和強納森與丹合作的經驗，加強我原來的信念：從你想達成的目標開始，不要把自己限制在現實層面。或者，正如我常說的：別用事實毀掉一個故事。最終，你將能透過逆向反推，找出可行、符合成本效益，並且顧及現實層面的做法。但你應該從想要實現的目標開始。

〔丹知道這本書的書名時，和我分享魔術師泰勒（Teller）的名言：「有時，魔術只是某一個人在某件事花費的心思超乎合理的範圍，讓人意想不到。泰勒就是潘恩・吉利耶

（Penn Jillette）的搭檔，兩人是聞名全球的雙人魔術師。」〕

我們還為團隊擬訂一紙全新、更長的任務宣言，加上靈感來自紐約地鐵圖的插畫。這份新的宣言說出我們努力體現的一切：成為一間紐約餐廳；由廚房與用餐區人員共同經營；真誠、善良；致力於學習與領導；平衡古典與當代；為了不斷創新而冒險；創造家庭般和樂、有趣的文化。最後，我們把目標設定為米其林四星，以配合商標上的四片葉子，儘管米其林最高只有三星。

新菜單初次亮相時，我希望每一桌顧客都能了解新菜單每一道菜背後的豐富歷史與故事。為了萬無一失，我親自寫下說明，讓領班照著說，我要他們不斷演練，直到倒背如流。

我們在二〇一二年九月的一個週二推出新菜單。四天後，《紐約時報》食評家皮特・韋爾斯來吃午餐。看到他，我實在大吃一驚。通常在重大改變之後，食評家總會給餐廳一點時間調整、適應。但是看到他坐在娜塔夏・麥爾文負責的區域，我鬆了一口氣。毫無疑問，娜塔夏是我們最好的領班——才華出眾，不管做什麼都做到最好，即使在巨大的壓力之下，也能鎮定自若。我知道，她會把我們的故事講得很好。

在他走向大門時，我在酒吧旁邊的一個角落，裝作在閒混的樣子——然而皮特・韋爾斯在與我四目相接的剎那，點了點頭。這太不尋常了：食評家與餐廳老闆不會打招呼的。我以為他在跟我打暗號，意思是我們很棒。

因此，你可以想像，幾天後我看到他在《紐約時報》發表的評論時，會有多麼震驚——這篇文章的題目就像一大桶冷水，澆在我頭上：〈喋喋不休：再造後的麥迪遜公園11號，言語凌駕料理〉（Talking All Around the Food: At the Reinvented Eleven Madison Park, the Words Fail the Dishes）。[10]

我就不詳述內容了，但文章中用到一些字眼，如「生硬」、「臃腫」，最後還給我們致命的一擊：「這餐吃了四小時，吃完後，我覺得像是參加了一場長老會辦的逾越節家宴。」但他寫的真是太好笑，我都要笑到流眼淚了。韋爾斯筆鋒辛辣，毫不留情批評我們。（有人還幸災樂禍的討論這一篇文章。）《老饕》（*Eater*）雜誌甚至給他起了個綽號叫作「懲罰者皮特・韋爾斯」。

他明明可以對著我來。雖然他不是每一道料理都喜歡，但大多數的菜他都很愛。問題出在他指出的「語言」。

真是屈辱。一想到要站出來，承認自己做出錯誤的決定，才會得到這樣的評論，我就像洩了氣的皮球。像這種時候，領導者不想在團隊面前出醜，往往會掩飾錯誤，希望大家很快就會忘記。這種想法實在愚不可及。因此，我還是在班前例會認錯，承擔責任。

幸好皮特・韋爾斯寫的這篇文章不是真正的星級評論，不然我們就完了。這只是「食評家筆記」，相當於鳴槍警告。這篇文章的確達到效果，讓我看到自己的錯誤，並修正方向。

經過一番反省，我了解在介紹新菜單方面，我犯下兩個錯誤。對其中的一個錯誤，我並不後悔，但還是改了。至於另一個，我確實後悔了。

第一個錯誤是做得太過火。（這我不後悔。）我們介紹菜單鉅細靡遺，像是一種炫耀：「瞧瞧我們的能耐！」但是，挑戰極限也是創作過程中不可避免的一部分。如果你不去探索邊界，怎麼會知道界限在哪裡？很多想法固然很好，如果我們不親自研究，永遠不會知道哪些是該保留的部分。

做得過火這個錯誤很容易解決。我們知道，永遠不可能討好每一個人。於是，我們保留魔術手法，因為我們每一晚都看到顧客有多喜歡，這是一個高潮，數週甚至幾年後，他們依然津津樂道。但是，我們的確刪除很多料理的解說。我們也捨棄蘋果皮與芹菜根——想到訂做的那些昂貴包裝袋要丟到垃圾回收桶，真教人不捨。

第二個錯誤則比較嚴重。為了確保每一個想法都能好好傳達給顧客，我把團隊訓練成說菜高手。我使他們成為表演者，因此他們和顧客無法好好對話。韋爾斯不喜歡這樣的用餐體驗，因為娜塔夏沒有機會跟他溝通。在我的要求之下，她一直忙著說菜，無法在顧客面前做自己。

並非每一位顧客都想在吃晚餐時上一堂歷史課。儘管很多顧客聽得入迷，想要跟我們互動，也有一些顧客只想好好吃飯，或是跟同伴說話。他們希望我們把菜送上來，就讓他們獨處。我應該讓團隊察言觀色，確認顧客是否想了解細節，這應該是為顧客量身訂做的服務體驗。但我一味追求在地感，致使我們在款待方面的表現打了折扣。

更糟的是，這基本上就像我在前一年犯的錯誤。當時，我一直在猶豫，沒能及時指派合適的人擔任總經理。我口口聲聲說自己有多信任團隊，卻表現得像是根本不信任他們。這次，我又重蹈覆轍。

事實上，我不訝異自己會犯這個錯誤，而且，我幾乎可以肯定，將來我仍然會犯同樣的錯。我對細節的注意就像強迫症，但這也是我的超能力，這就是我追求完美的方式。這種傾向也意味我總是像在走鋼索，想要透過控制一切來達成卓越，不過我也知道，我必須創造授權與合作的環境，而且在我底下做事的員工能互相信任。這兩種特質互相矛盾，就像卓越與款待精神互相拉扯。

每次犯下這種錯誤時，我就有所了悟。我身邊都是值得信任的人，他們會告訴我何時應該後退。我很清楚，在日後的職涯中，將會不斷碰到這樣的問題。我能做的就是提高警覺，別讓我的超能力把我變成反派角色。一旦我無可避免的把事情搞砸，就必須迅速彌補錯誤，盡量把自我縮小。

我改變做法，信任團隊，讓他們用自己認為合適的方式去介紹菜單，依每一桌顧客的需求提供所需的資訊。

同時，我們在世界五十大最佳餐廳的榜單上繼續往上爬。二〇一三年，儘管韋爾斯諷刺說，在我們餐廳用餐像參加逾越節家宴，我們上升到第五名。二〇一四年，我們第四名。二〇一五年初，皮特・韋爾斯又來了。這是他第二次來訪，我們知道他是來評級，沒有鳴槍警告這回事了。

看到他上門，我繃緊神經，因為我們也有自己要堅持的部分，不會完全迎合他的喜好。但是，我們虛心接受他的批評，改善我們想要改變的部分，也為了能給顧客良好的體驗感到自豪。

那年三月，他給我們四顆星。正如我說的，這是《紐約時報》史上最奇葩、毀譽交加的一篇四星級評論。現在拿出來看，我依然哈哈大笑。他真的很愛發牢騷，忍不住提到二〇一二年第一次來我們餐廳用餐的情況，說那是他吃過「最荒謬的一餐」。

接著，他針對這次用餐，繼續挑我們的毛病——只是最後他不得不屈服：「然而在麥迪遜廣場公園對面這間具有裝飾藝術風格、宏偉的餐廳，上述不平之鳴教我看不清餐廳裡發生的事：這一屋子的饕客似乎沐浴在幸福之中……最後，就連我這個喜歡在雞蛋裡挑骨的人也不得不承認，這間餐廳無所不用其極的在散播歡樂。我認輸。」[11]

那晚，我們慶祝一番。然而，我注意到，保持四星和第一次拿下四星的感覺有很大的不同；這次比較像是解脫，而非狂喜。

在第二天的班前例會，我向團隊恭賀，承認這次的評論是對他們的肯定，因為他們致力於超乎常理的款待之道。韋爾斯不見得贊同我們做的每一件事，甚至有很多地方他都看不慣，然而正因為我們堅持超乎常理的款待之道，這讓他別無選擇，只能承認他讚賞我們款待顧客的方式。

己所欲，施於人

在二〇一五年世界五十大最佳餐廳榜單公布前夕，就像往常，業界瀰漫著各種謠言，其中最重要的消息就是，我們將登上第一名的寶座。當然，最好不要理會流言，但我們也是人，所以很難不在意。我們因此滿懷希望。

結果，這些猜測完全錯誤：我們非但沒從第四名爬升到第一名，反而退步，從第四名下滑到第五名。

這是一大打擊。當然，能名列世界前五名的餐廳已經很了不起，不管是第一名，還是第五名都值得讚賞。但是，這是我們躋身世界五十大最佳餐廳以來，第一次名次下滑。看來，儘管我們非常努力，某個地方還是有點問題。

現在回想起來，這應該是塞馬失馬，焉知非福。名次退步激發我們再次改變。我們需要改變，變革的機器已經發出轟隆隆的響聲。

那一年，我和丹尼爾如同往常一般去其他最佳餐廳明察暗訪。我們注意到一點——也許「缺點」是更好的字眼——很多餐廳都有這樣的問題。就是東西太多，多到讓人難以消化。

儘管那些餐廳的料理給我們帶來一個又一個令人難以置信的高潮與啟發，一道又一道無懈可擊的料理搭配頂級美酒讓人驚嘆，但我們招架不住。我們開始覺得膩了、累了。儘管優秀的服務與精采的呈現，使我們當下驚豔不已，然而第二天，我們卻很難想起自己到底吃了什麼，或是在用餐時說了什麼。其實，我們吃了四分之三，已經吃飽喝足——飽到撐了，坐立不安，準備走人。二〇一五年底，我們坐下來品嘗自己的新菜單時，又出現這樣的感覺。

我和丹尼爾每一季都會在自己的餐廳一起吃飯，就在改菜單的第二天；這是最實際的做法。前面我強調過，對領導者來說，和一般顧客一樣，親身體驗自己提供的服務，是非常重要的一件事。構想的醞釀與落實常常有很大的差異，像顧客一樣吃自己的料理，讓我們有機會調整。例如，我們發現原本覺得棒得不得了的做法其實是個累贅，或是我們想要表現慷慨大方，卻讓顧客飽到不舒服。

對我和丹尼爾來說，這些晚餐也是重要的季度審查。我們的日常互動總是短暫、破碎，能坐下來好好吃頓飯、好好談談是個寶貴的溝通機會，要比一萬則傳來傳去的簡訊，或是在廚房走道匆忙講個幾句來得有用。

事實上，那天晚上，我們不只分析餐廳的料理，甚至觸及人生的意義這樣具有深度的話題。或者說，我們「設法」這麼做，因為餐廳的服務雖然無微不至，但我們不斷受到干擾。每次談話被打斷，我就變得煩躁，最後甜點還沒上，我們就離開了，跑去附近一間愛爾蘭酒吧，不受干擾的說完想說的話。

那晚回家之後，我計算了一下。

每道料理上來之前，都得重新擺上餐具、酒杯，料理上桌後，聽領班介紹，侍酒師為我們倒酒。吃完後，服務生會來收盤子，整理桌面。每一道料理都少不了這六個動作，所以，如果我們有十五道菜，在整個用餐的過程中，就會被打斷九十次，還不包括介紹菜單，而且吃到一半，服務人員可能還會來關切，詢問餐點的口味是否合乎口味。

九十次！我們的既定目標是創造一個讓人可以在用餐時交流、連結的環境，正如我說過一千次的原則，服務、食物與環境也是人際關係的配料。我們的服務確實好到超乎常理，但不是款待之道。

我們一直相信，我們提供給顧客的是我們自己想要的東西。如果你提供的服務只是自己想給的服務，那就是炫耀。如果你提供的服務是你認為他人想要的服務，則是投其所好。如果你提供的服務是自己真正想要的服務，這才能讓顧客得到最真實的體驗。

這就是為什麼這些年來餐廳變化如此之大。不只是因為我們在牆上貼上「持續改造」

的標語，而是因為我們改變了，我們想要得到的東西也不一樣了。我在二十六歲那年當上麥迪遜公園11號的總經理，而我和丹尼爾分道揚鑣時，我已經四十歲。從二十六歲到四十歲，我們變了很多，而隨著自己的改變，想要得到的東西也會有所不同。

我們提供的服務不再是自己想要得到的服務。

回歸首要原則

在任何組織，使命宣言主要是闡明不可妥協的部分，必須清晰、簡單、容易理解。如此一來，在做任何決定之時，不管是大事或小事，都能利用這個原則來篩選、決定。採取某一項行動是否能幫你實現使命宣言明定的目標？或者會使你偏離這個目標？用這種方式來思考，決定昭然若揭——你要做的就是問自己這個問題。

我們推出紐約菜單的使命宣言有一大堆，包含我們想要體現的一切：對彼此的承諾、對紐約的熱愛、荒謬的野心，以及想要照顧顧客的願望。我們未免太貪心了。

皮特・韋爾斯不知道我們的使命宣言如此錯綜複雜，但他必然感受到了。也難怪他一直覺得我們這間餐廳讓他費解。其實，我們並不了解自己。

現在，我們應該回歸初心，好好想想真正想達到的是什麼目標。丹尼爾和他的團隊做出令人難以置信的美味佳肴，我帶領的服務團隊致力於透過超乎常理的款待來散播喜悅。因此，再次肯定自己的超能力時，我們重新發現對我們來說永遠不能妥協的目標——那就是我貼在打卡鐘上、每個人每天來上班都看得到的標語：

「成為全世界最美味、最用心款待的餐廳。」

我們不會捨棄紐約在地的特質，不會停止像對待家人一樣對待同事，也不會放棄追求第四顆米其林星星——儘管這是永遠無法達到的目標。但用心款待與絕讚美味是我們的終極標準。就是這樣。

正如我爸所說：「奔赴所願，而非遠離己所不欲。」因此，我們在那一年做的改變不是逃離複雜、困難或野心，而是奔向更純粹的體驗。

在這之前，我們做的改變都是加法。更細緻、更多道料理、更繁複、更多成分、更多酒、更多服務步驟——更多，更多，更多。

現在，我們要往另一個方向走。我們為自己能做的事感到驕傲，但沒必要每一項都做。反之，我們必須減少，進一步縮減、精煉，讓自己變得更與眾不同：體認到所有的卓越都是為了「超乎常理的款待」。

我們做的第一個也最激進的改變是把菜單減半，從十五道料理縮減為七道。然而，每一道菜都非凡獨特，令人難忘。儘管我們沒供應那麼多道料理，用餐區的服務人員一個也沒裁減。反之，我們加倍用心，把織夢人從兩個變成四個。

在開發紐約菜單的過程中，我們偏離修訂後的菜單模式以及讓顧客有選擇權的核心信念。如果這是我們想要呈現的「超乎常理的款待」，為什麼不這麼做？因為我們將回到用餐是一種對話的概念。最後，我們準備依照一開始就想做的方式來做，也就是瑞歐斯餐廳的做法。根本就沒有菜單，只有對話，說你想吃什麼，不想吃什麼。

這不只是對話——也是在建立連結。沒有腳本，而是一段關係的起點。

科克有了新任務，要去幫我們開一間新餐廳，因此由先前離開麥迪遜公園11號去NoMad工作的比利・皮爾（Billy Peelle）回來麥迪遜公園11號擔任總經理，他是帶領麥迪遜公園11號往新方向發展的最佳人選。比利為員工創造溫馨的工作環境，而且樂此不疲，同時也帶給顧客很棒的體驗。他全力體現「超乎常理的款待」，也用真誠與謙卑來領導團隊。

在我們推出新菜單的第二天，我和丹尼爾在自家餐廳共進晚餐。我們整整吃了三個小時，每一刻都是真正的享受。經過這麼多年的打磨，麥迪遜公園11號一次又一次脫胎換骨，終於變成我們心目中最理想的餐廳。我們化繁為簡，深究本質，終於找到自我。我真的相信，我們終於在那一刻成為世界上最好的一間餐廳。

幾個月後，世界五十大最佳餐廳頒獎典禮首次在紐約舉行。由於所有參與票選的人都會參加這場盛會，這些人突然在紐約現身，這意味我們能在麥迪遜公園11號款待他們。經過這次的改變，我們功力大增，對自己的餐廳有無比的信心。因此，我們甚至不緊張了，只是想要火力全開，向全世界展示我們是誰，以及我們代表什麼。我們不但呈現最好的一面，最重要的是，我們以自信與熱情歡迎同行光臨。這種感覺棒透了。

在紐約的頒獎典禮上，我們排行第三。更重要的是，我們贏得有史以來第一個「款待藝術獎」，可見我們在這個行業已經舉足輕重。

世界五十大最佳餐廳的評選創始於二〇〇二年，這個獎只表揚主廚與料理，增設「款待藝術獎」代表鐘擺已盪向另一邊，鼓勵在用餐區努力不懈、認真款待顧客的人。麥迪遜公園11號能成為第一間贏得這個獎項的餐廳，對我個人來說意義重大。超乎常理的款待不只對我們很重要，對這個行業也愈來愈重要。

全世界最美味、最用心款待的餐廳

翌年，我們前往墨爾本，參加世界五十大最佳餐廳頒獎典禮。頒獎典禮那天，克莉絲蒂娜陪我散步，以免我太焦慮。我們走了很久，最後才回飯店換上禮服。亞里尼亞餐廳的蓋瑞・歐布里嘉雄（Gary Obligacion）幫我打領結，因為我還不會打。

這次跟往年一樣，從第五十名開始宣布：到四十名，然後是三十名、二十名。在這樣倒數之下，大家變得愈來愈興奮，我們也緊張起來；愈晚聽到自己的名字，愈好。公布到第十名時，我幾乎要昏過去，到念出第三名時，我才恢復清醒。不是我們——所以，我們不是第一，就是第二了。接著他們宣布：方濟會小館。這是我朋友馬西莫開的餐廳。記得我們第一次參加世界五十大最佳餐廳頒獎典禮，結果敬陪末座，我們愁眉苦臉，他還開我們的玩笑。這一刻，我們知道，第一名是我們了。

七年來，所有的辛苦、創造力、對細節的瘋狂關注，以超乎常理的方式致力於款待精神，終於讓麥迪遜公園11號成為世界排行第一名的餐廳。

這是一種不可思議的感覺。也是我這一生中最美好的一刻。我親吻太太，接著和丹尼爾、比利・皮爾以及我們的行政主廚狄米崔・馬吉（Dmitri Magi）一起上台。我領取獎座時並沒有忘記，這是用餐區的服務人員第一次代表餐廳領獎。

我在得獎致詞談到服務的崇高，我們必須認知，自己做的工作很重要。這一點特別有意義，因為在場的每一個人，在自己的職業生涯中，一直都在努力創造難忘的體驗。每一個人也都在幫別人慶祝最重要的時刻，並且在他們需要逃避時，給他們安慰。在這個需要多一點魔法的世界，我們所有人都在創造魔法。

我謝謝我們偉大的團隊（請他們暫時忍耐一下，等我們回家之後再一起狂歡）。不只是當時在我們餐廳工作的一百五十個人，還有數不清在過去十一年間曾在我們餐廳致力於款待顧客的員工。我也感謝丹尼爾，因為他明白顧客的感覺和我們端上的每一道菜一樣重要。

為了這次致詞，我回想起這一路走來的艱辛，如何才爬升到今天的地位。從某個角度來看，說一間餐廳是全世界最好的餐廳，其實相當荒謬。但這個獎項要凸顯的是，在某一個時刻對整個餐飲業影響最大的一間餐廳。這間餐廳改變了對話，而且為每一個人制定全新的路線。

我們拿下第一，因為我們團隊的每一個人——不管是在廚房或是用餐區工作——共同創造出一種周到、用心、極好的體驗。我們能贏，因為我們集體專注於超乎常理的款待精神。

我們設定了看似不可能實現的目標：同時體現卓越與款待這兩個互相矛盾的概念。我們下定決心，不但要像世界上所有最佳餐廳一樣，追求完美、高超的廚藝，而且要用創意與熱情追求超乎常理的款待之道。我們決定不把所有的心力傾注在餐盤中，而是利用我們能掌握的一切，使同事及以我們服務的顧客覺得受到關心、有人願意傾聽他們說話，讓他們有歸屬感，創造出一個他們能和他人建立連結的環境。

我們對卓越的追求把我們帶到餐桌前，而修練超乎常理的款待心法使我們得以爬升到世界之巔。

終曲

我們凱旋歸來：七年前，我在紙巾上潦草寫下一個遙不可及的目標。這些年來，我們團結一心、鍥而不捨的實現這個目標。

現在，我們可以展開下一章了。

我們第一次計畫把餐廳全面翻新。多年來，雖然餐廳有不少地方整修過，但依然像是丹尼・梅爾的餐廳，只是微調了一下。現在應該徹底改造，使麥迪遜公園11號完全成為我們的餐廳。

翻新餐廳意味我們將歇業幾個月。那時，我們已經知道，沒有我們的團隊，這間餐廳只是四面牆、幾張桌子和一個爐子。我們不能損失任何一個人，因此我們在長島東端的度假勝地漢普頓開了一間全新的餐廳，走的是休閒風，我們稱為麥迪遜公園11號夏日小屋，還把整個團隊的人調到那裡。這個夏日小屋很有創意，生意也不錯，充滿瘋狂的樂趣。

秋天，麥迪遜公園11號重新開張，在設計優雅的大廳提供去年開始實行的精簡服務，讓顧客有更純粹的體驗。一切似乎非常順利——然後，我們碰到考驗。

很多人花很多時間猜測，我和丹尼爾為什麼決定分道揚鑣。事實很簡單：我們感情淡了，只能好聚好散。當你發現，你和伴侶不再有相同的興趣，各有各的利益與盤算、心中的輕重緩急變得不同，你們就不再能用同一個角度來看這個世界。誠然，沒有人能奪走你們曾經分享的東西，然而一段關係既已結束，就沒有什麼好說的了。

我和丹尼爾了解，下一步最好各走各的路。我去找我爸商量。每次我碰到關卡，都是請他指點。他告訴我：「接下來的一年，將是你人生中最具有挑戰性的一年。你會面臨無數艱難的決定。每一次，你都發覺自己走到一個十字路口，不知道接下來要怎麼走。這時，你要問自己：什麼是對的事。然後就這麼做。」他也說，這不容易做到，因為做對的事，在短期內不一定對自己最好。

把公司一分為二並不簡單。那時，我們的連鎖飯店NoMad已經從紐約擴展到洛杉磯、拉斯維加斯，也在紐約開了一間叫作「美好」（Made Nice）的速食餐廳。我們在漢普頓開設麥迪遜公園11號夏日小屋、在亞斯本開設麥迪遜公園11號冬季小屋，還準備推出三個新品牌：兩個在倫敦，一個在紐約。當然，我們還有麥迪遜公園11號。

我們研究了好幾個月，討論如何分割事業版圖，但卻沒有多少進展。某一晚，有人在我們餐廳舉行募款餐會，為再省食非營利組織（Rethink Food）募集資金。這是我們一位前同事創立的組織。*

募款餐會非常成功。主持人是好萊塢知名男星尼爾・派翠克・哈里斯（Neil Patrick Harris）；我們也籌措到一大筆錢。能夠為這麼有意義的事出錢出力，我們深深覺得與有榮焉。最後，賓客都吃完，餐桌也整理乾淨之後，我的朋友爵士新星喬恩・巴蒂斯特（Jon Batiste）坐在鋼琴前。我把團隊裡的每一個人都叫出來，包括還在廚房的人，大家一起站在門口看喬恩表演六首歌——最後一首是翻唱路易斯・阿姆斯壯（Louis Armstrong）的絕美經典老歌：〈多美好的世界〉（What a Wonderful World）。

那晚，我很晚才回到家。克里斯蒂娜到外地去了，所以我幫自己倒了一大杯紅酒，不斷播放路易斯・阿姆斯壯唱的〈多美好的世界〉。我大約聽了二十幾遍，至少再倒了兩次酒。喝到第三杯，我突然茅塞頓開，知道什麼是「對的事」。

這間餐飲公司是我們花費十四年共同建立，但由於我不肯放手，我們真的是要把這

* 譯注：新冠肺炎在紐約肆虐期間，丹尼爾旗下的麥迪遜公園11號等餐廳轉型成再省食非營利組織的委託廚房，為醫院工作人員與老人照護組織提供餐廳。這項計畫由美國運通與Resy餐廳訂位網站共同贊助。

間公司扯爛了。我們應該設法保持這間公司的完整性才對。這似乎是無可想像、不可能的事，因為這麼做意味著，我們當中有一個人必須完全退出。

幾個月後，我和丹尼爾把團隊召集在一起，讓我和他們好好道別。

我愛麥迪遜公園11號。我們想提供超乎常理的款待，這和餐廳所在的樓房、桌椅、藝術品、廚房或地址完全無關。公司的核心是團隊——也就是我身邊的人——和我們每一天一起完成的工作、照顧彼此的精神，以及我們服務的顧客。我將永遠為我們感到驕傲，包括我們建立的傳統、我們實現的瘋狂構想，以及無數因為我們而高興的顧客。我也知道，我可以利用我在麥迪遜公園11號學到的一切，還有十四年來在那裡發展出來的原則，再一次創造奇蹟。

放手很不容易。直到現在，我依然很難割捨！但我發現，在寫這本書的過程中，我獲得淨化與宣洩——重溫這段旅程，重新思索我得到的教訓。我因此更熱愛款待，不管是在服務或是在領導上。

就在我離開麥迪遜公園11號幾個月後，爆發新冠肺炎全球大流行，我看到一些好朋友與同行因餐廳生意慘淡，為生存努力掙扎。一通電話使我們一小群人團結起來，組成獨立餐廳聯盟，為全美各地的獨立餐廳業者喉舌，使他們獲得聯邦政府紓困援助。我很高興能站出來，為熱愛的產業貢獻一己之力，我還跑去白宮請願，而非當一個邊緣人。

似乎老天覺得我不夠忙，克莉絲蒂娜與我迎來家庭的新成員：我們的女兒法蘭琪（Frankie）。會取這個名字，是因為她有一個了不起的爺爺，名叫法蘭克（Frank）。過去一年，我經常待在廚房的桌子旁邊，款待我生命中最重要的貴賓。她就坐在高腳椅上，等我獻上一道道寶寶餐。

這個世界漸漸開放，我發現自己開始和很多不同行業的領導者交流——從醫療產業到精品零售業，乃至房地產仲介業等。他們都知道，提供團隊或顧客超乎預期的體驗，能帶來一種神奇的力量。每一個人都可以試著去做超乎常理的事。他們已下定決心投身於款待經濟，我們希望你也能一起來。

致謝

寫這本書是我這一生最棒的經驗。在最後校訂和寫這幾頁時，我不由得停下來，回想這趟歷程。我真的感謝每一位為本書付出心力的人。沒有你們，本書就無法面世。

我選擇餐廳工作的原因之一是，我不喜歡獨自工作。如果我是團隊的一份子，總能有最好的表現。我寫這本書的最佳拍檔就是蘿拉・帕克（Laura Tucker）。她幫我把腦中所有瘋狂的想法倒出來，化為文字。她的熱情、驚人的才華以及無比的耐心，正是我需要的特質。我感激我們有無數個小時在一起討論，實現我的出版夢想。

賽門・西奈克是這個寫作歷程最好的教練。我們不知花了多少天面對面坐著，一頁頁討論，看哪一個地方能改得更好。他挑戰我、激勵我、鼓勵我、催促我創造出讓我感到自豪的東西。他對我的信任使我相信自己能辦到。

在這個過程中，企鵝蘭登書屋（Penguin Random House）的亞德里安・柴克翰（Adrian Zackheim）與梅莉・桑恩（Merry Sun）也是不可多得的夥伴。他們欣賞我要說的故事，因此讓我有信心說給全世界聽。

我將永遠感謝大衛・布萊克（David Black），謝謝他一直支持我。他是我所認識最熱情、最有愛心的人——在必要的時候，他也能變成一頭比特犬。他一直在我身邊，帶給我快樂。

餐廳經營者最清楚，有多少人必須在幕後努力不懈，才能把一個想法化為現實。感謝企鵝蘭登書屋與樂觀出版團隊給我的關照：琪爾斯汀・柏德特（Kirstin Berndt）、艾倫・瑟普利安瑞（Ellen Cipriano）、琳達・傅利德納（Linda Friedner）、塔拉・吉爾布萊德（Tara Gilbride）、珍・惠爾（Jen Heuer）、凱蒂・赫利（Katie Hurley）、布萊恩・李穆思（Brian Lemus）、安德里亞・默納格（Andrea Monagle）、妮琪・帕帕多波羅斯（Niki Papadopoulos）、傑西卡・雷吉翁（Jessica Regione）、瑪麗・凱特・史基翰（Mary Kate Skehan）、萊拉・蘇西（Laila Soussi）、瑪格・史塔瑪斯（Margot Stamas）、莎拉・托波羅斯基（Sara Toborowsky）與薇若妮卡・維拉斯柯（Veronica Velasco）。他們對文字的熱情以及對細節的琢磨，給我很大的啟發。

如果沒有丹尼・梅爾，就沒有這本書。他為我奠定基礎，讓我在上面建立所有關於服務與領導的想法。他為我和這一行的同儕打開大門，讓我們知道服務業是真正高尚的職業。

湯姆・克利夫頓（Tom Clifton）花了很多時間，讓我了解他的觀點，對我寫這本書真的有很大的幫助。還有很多朋友，在過去一年，一再幫忙閱讀這份手稿，惠賜寶貴意見，使這本書的內容成為最棒的版本：凱文・邊姆（Kevin Boehm）、約翰・艾瑞克森（John Erickson）、賽斯・高汀、班恩・萊文索（Ben Leventhal）、羅傑・馬丁與揚恩・史瓦茲（Jann Schwarz）。謝謝我的朋友暨前同事凱蒂・佛利（Katy Foley）與凱特・傅雷澤（Kate Fraser）在本書完成的最後階段幫我宣傳，也感謝茱莉葉・賽沙（Juliette Cezzar）讓這本書變得更美。

我有幸和傑出的團隊合作——比利・皮爾與娜塔夏・麥爾文——他們努力維持公司運作，好讓我專心寫書。我還要謝謝我的夥伴與支持者——麥可・佛爾曼（Michael Forman）、比爾・哈爾曼（Bill Helman）以及高拉夫・卡帕迪亞（Gaurav Kapadia）——謝謝他們的熱情和奉獻，謝謝他們相信我。我為我們一起打造的一切感到興奮。

感謝我親愛的家人——我太太克莉絲蒂娜，和我女兒法蘭琪——為我的生命注入活力……我對你們的愛盲目、無理，並且永無止盡。

注釋

1 Simon Sinek, Leaders Eat Last (New York: Portfolio/Penguin, 2017).

2 Julianna Alley, interview by Simon Sinek, Disney Institute, Lake Buena Vista, FL, March 4, 2022.

3 Frank Bruni, “Two Upstarts Don Their Elders’ Laurels,” The New York Times, January 10, 2007, https://www.nytimes.com/2007/01/10/dining/reviews/10rest.html.

4 Frank Bruni, “Imagination, Say Hello to Discipline,” The New York Times, December 9, 2008, https://www.nytimes.com/2008/12/10/dining/reviews/10rest.html.

5 Frank Bruni, “A Daring Rise to the Top,” The New York Times, August 11, 2009, https://www.nytimes.com/2009/08/12/dining/reviews/12rest.html.

6 Frank Bruni, “Four Stars, More Thoughts,” The New York Times, August 12, 2009, https://dinersjournal.blogs.nytimes.com/2009/08/12/four-stars-more-thoughts.

7 Jay-Z, Decoded (New York: One World, 2010).

8 Oliver Strand, “At Eleven Madison Park, Fixing What Isn’t Broke,” The New York Times, September 7, 2010, https://www.nytimes.com/2010/09/08/dining/08humm.html.

9 Pete Wells, “A Stellar Band Rearranges Its Hits,” The New York Times, June 19, 2012, https://www.nytimes.com/2012/06/20/dining/reviews/the-nomad-in-new-york.html.

10 Pete Wells, “Talking All Around the Food: At the Reinvented Eleven Madison Park, the Words Fail the Dishes,” The New York Times, September 17, 2012, https://www.nytimes.com/2012/09/19/dining/at-the-reinvented-eleven-madison-park-the-words-fail-the-dishes.html.

11 Pete Wells, “Restaurant Review: Eleven Madison Park in Midtown South,” The New York Times, March 17, 2015, https://www.nytimes.com/2015/03/18/dining/restaurant-review-eleven-madison-park-in-midtown-south.html.

財經企管 BCB805

超乎常理的款待
世界第一名餐廳的服務精神

Unreasonable Hospitality: The Remarkable Power of Giving People More Than They Expect

作者 ── 威爾・吉達拉　Will Guidara
譯者 ── 廖月娟

總編輯 ── 吳佩穎
財經館副總監 ── 蘇鵬元
責任編輯 ── 王映茹
封面設計 ── 謝佳穎

出版者 ── 遠見天下文化出版股份有限公司
創辦人 ── 高希均、王力行
遠見・天下文化 事業群榮譽董事長 ── 高希均
遠見・天下文化 事業群董事長 ── 王力行
天下文化社長 ── 王力行
天下文化總經理 ── 鄧瑋羚
國際事務開發部兼版權中心總監 ── 潘欣
法律顧問 ── 理律法律事務所陳長文律師
著作權顧問 ── 魏啟翔律師
社址 ── 臺北市104松江路93 巷1 號
讀者服務專線 ── 02-2662-0012｜傳真 ── 02-2662-0007；02-2662-0009
電子郵件信箱 ── cwpc@cwgv.com.tw
直接郵撥帳號 ── 1326703-6號　遠見天下文化出版股份有限公司

電腦排版 ── 薛美惠
製版廠 ── 中原造像股份有限公司
印刷廠 ── 中原造像股份有限公司
裝訂廠 ── 中原造像股份有限公司
登記證 ── 局版台業字第2517號
總經銷 ── 大和書報圖書股份有限公司｜電話 ── 02-8990-2588
出版日期 ── 2023年 6 月30日第一版第一次印行
2024年 8 月 6 日第一版第七次印行

定價 ── 480元
ISBN ── 978-626-355-300-2｜EISBN ── 9786263552999（EPUB）；9786263552982（PDF）
書號 ── BCB805
天下文化官網 ── bookzone.cwgv.com.tw

國家圖書館出版品預行編目（CIP）資料

超乎常理的款待：世界第一名餐廳的服務精神／威爾・吉達拉（Will Guidara）著；廖月娟譯. -- 第一版. -- 臺北市：遠見天下文化，2023.06
384面；14.8×21公分. --（財經企管；BCB805）

譯自：Unreasonable Hospitality: The Remarkable Power of Giving People More Than They Expect

ISBN 978-626-355-300-2（平裝）

1. CST：餐飲業管理　2. CST：顧客服務

483.8　　112009881

天下文化

BELIEVE IN READING